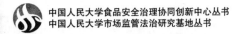

中国人民大学食品安全治理协同创新中心丛书
中国人民大学市场监管法治研究基地丛书

食品安全监管与合规Ⅱ：
制度、问题与案例

Food Safety Regulation and Compliance Ⅱ：
Institutions, Questions and Cases

胡锦光　　孙娟娟 ◎主编

中国海关出版社有限公司
·北京·

图书在版编目（CIP）数据

食品安全监管与合规．Ⅱ，制度、问题与案例/胡锦光，孙娟娟主编．—北京：中国海关出版社有限公司，2024.4
ISBN 978-7-5175-0773-4

Ⅰ.①食… Ⅱ.①胡…②孙… Ⅲ.①食品安全—监管制度—研究—中国 Ⅳ.①TS201.6

中国国家版本馆 CIP 数据核字（2024）第 066736 号

食品安全监管与合规Ⅱ：制度、问题与案例

SHIPIN ANQUAN JIANGUAN YU HEGUIⅡ：ZHIDU、WENTI YU ANLI

作　　者：胡锦光　孙娟娟
责任编缉：傅　晟
责任印制：孙　倩
出版发行：中国海关出版社有限公司
社　　址：北京市朝阳区东四环南路甲 1 号　　　邮政编码：100023
编 辑 部：01065194242-7502（电话）
发 行 部：01065194221/4238/4246/5127（电话）
社办书店：01065195616
　　　　　https://weidian.com/？userid=319526934（网址）
印　　刷：中煤（北京）印务有限公司　　　经　　销：新华书店
开　　本：787mm×1092mm　1/32
印　　张：8　　　　　　　　　　　　　　字　　数：219千字
版　　次：2024 年 4 月第 1 版
印　　次：2024 年 4 月第 1 次印刷
书　　号：ISBN　978-7-5175-0773-4
定　　价：48.00 元

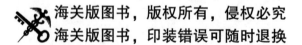

序

由胡锦光教授、孙娟娟副教授主编的新书《食品安全监管与合规Ⅱ：制度、问题与案例》，由中国海关出版社出版。二位约我作序，不由心中忐忑。胡锦光是中国人民大学法学院教授、博士生导师，中国宪法学研究会副会长，国家市场监督管理总局法律顾问，是国内著名的专家学者。孙娟娟在法国取得博士学位，专攻食品安全，成果不凡。虽然我在食品安全与法治实务部门工作时间略长，但尚未取得德高望重的作序资质。拜读书稿之后，倒是有点学习心得，姑且写之，以谢盛情！

本书最大的亮点，在于将精炼、前沿的理论和丰富多彩的实践完美结合。把食品安全监管与合规作为全书主线，聚焦我国食品安全状况的10个方面，用专家详析引领典型案例，深入剖析监管制度建构与企业食品经营的自觉回应。在企业主体合规意识觉醒、行为日益规范的过程中，政府、社会、市场三位一体的共治新体制，有了更好的成长新生态。在合规浪潮的大洗礼中，更高水平的科学监管制度将会浮出水面，我国食品安全形势根本好转的大幕正在拉开。尽管道途艰辛，还需要一段时间，但在新型制度架构的探索中，还是充满了希望，看到了未来。作者在监管与合规的"实验室"里，把制度、问题与案例巧妙地揉合在一起，组成一块散发着诱人光芒的"晶体"。遵循胡适先生偶寻的问题导向原则，紧扣食品行业中合规实践、过程管理、抽查检测、特殊食品、小微餐饮、进口食品等重点问题，精选了13个企业合规案例，7个政府部门监管案例，5个社会组织、研究机构案例，从不同维度寻找监管与合规共振的解决方案。特别是专门介绍了日本、欧盟、美国等食品安全监管制度、合规实践和最新动态，可以让我们用全球眼光看中国现阶段食品行业面临的问题与未来趋势。结尾部分还对我国刑事合规、药品合规、数据合规，做了画龙点睛的介绍和专家评析，既跨界也相关，多了参照系。本书用鲜活的成功案例回应问题，用精炼深刻的学理透析制度，用他山之石映照中国食品安全的现实，表现出作者具有深厚的理论功底，良好的实践把握能力，广阔的国际视野，高水准的思辨与文字驾驭能力。这本书无论是对食品业界、政府监管部门，还是广大的研究者、消费者，都有很强的针对性、适用性和启发性，具有相当高的理论价值、实用价值和参考价值。越读越有滋味，越读越有营养，是一本相当不错的专业之作！

我体会，本书的专业度主要体现在以下几个方面。

一是对食品安全观的再认识。

作者首先从法理开篇，指出食物权是一项基本人权，即人应当有"免饥权"和"足食权"。进而从全球视野观察粮食安全与食物权、食品质量、食品安全、食品营养、食品可持续的相互交叉、融合、演进的过程，从而在学理上丰富了我们对食品安全内涵、外延的认识。3年前，我曾在一次会议上提出食品安全应该有四重涵义：食品的数量安全、质量安全、营养安全和生态安全。当时只是凭经验和直觉，而本书则提供了国际上理论与实践的演进历程，印证了食品安全四重奏的合规性。

二是对合规管理、监管的再认识。

作者从市场监管与合规管理互动关系的角度，介绍了我国学界的主要研究成果，具有前瞻性和实践性。对新阶段、新变化、新型监管制度的塑造具有指导意义和实用价值。我的学习理解是：全球化的合规管理大潮，调整的可能不仅仅是企业和监管形态，还是整个社会生态和全球化治理结构。合规管理，古已有之。现代化意义的合规管理，始于司法，以1991年美国量刑委员会发布的《针对机构实体联邦量刑指南》为标志。兴于金融，以2005年巴塞尔银行监管委员会发布的《合规与银行内部合规部门》为标志，开启了全球金融业合规进程。普及于标准，1998年，澳大利亚提出了第一个国际化的合规管理标准。2014年和2021年，国际标准化组织先后发布了两个《合规管理体系要求及使用指南》，使合规管理更广泛、更规范地用于几乎所有行业、所有国家。合规管理已经成为全球新秩序、新治理架构的基石。

我国于 2006 年引入合规管理，从金融开始到国资，从司法试点到全面推广。食品关乎人的身体健康和生命安全，在食品业大力推行合规管理已成当务之急。严谨规范的合规管理在我国还是起步阶段，有些问题尚需深入研究。一是合规的主体范围是什么？一般而言，企业是合规主体，但政府等监管方也要合规。产业链、供应链、第三方，各类组织、个人，所有主体行为都需要合规，是谓大合规。二是合什么规？一般而言，主要指合乎法律规范、技术标准，还有社会规范、商业道德、社会公德等。良法善治是合规的前提。规要合理、科学、适度、可执行。三是要计算合规成本，合规评价，合规效益。让守法者获益，让违法者受损。满足上述三个条件，还需要重构监管制度、机构、内容，营造良好营商环境，促进高质量发展。

三是对监管科学和科学监管的再认识。

"科学"一词常被用于各种管理之中。从泰勒的科学管理到今天社会的科学治理，行政管理的科学化，决策科学化，成为学界、实务界和业界关注的重点。1969 年美国国会提出，与人类健康密切相关的监管部门，其决策、法规必须基于科学。1970 年年底，原美国环境保护署首次使用"监管科学"这一术语。1990 年，哈佛大学教授希拉·贾桑诺夫首次对"监管科学"进行学科性阐述。1991 年，美国食品药品监督管理局开始使用监管科学的概念解释医药等产品。监管科学从理论、学科到实务部门使用，开始遍及与人体安全健康相关产品的监管。21 世纪，监管科学从医药开始，风行全球。监管科学不仅有别于研究性科学，主要用于监管、决策过程，同时还具备包含科学、社会和政治相互关系的学科属性。2011 年，美国食品药品监督管理局发布《促进 FDA 监管科学：战略计划》。2012 年，美国颁布《FDA 安全与创新法案》推动监管科学的战略实施。2020 年，监管科学正式列入美国教育专业学科。

2019 年，国家药品监督管理局发文决定开展药品、医疗器械、化妆品的监管科学研究。我理解，中国监管科学迫切需要研究三个问题：一是监管机构、职能、立法的科学性问题。要不要进行行政监管？对什么品类进行行政监管？管什么？管到什么程度？设置什么样的机构？立哪些法？科学依据是什么？或者说依据什么科学？

二是决策过程、监管过程、制定操作性法规、规章、标准、规范、指南时，是否科学？三是在具体执行过程中，运用现代化科技手段进行科学、高效、精确、公正的监管。利用大数据、网络化、人工智能等方法进行计量、检验，使监管更有效。

四是对鲜活成功的合规与监管案例的再认识。

作者以案例说理，以案例回应问题、解析制度构建。选取了不少成功、可持续、有事实、有说服力的案例。读来有两个案例印象深刻（其他案例也很精彩）：一个是百事公司的数字化合规，另一个是上海市场监督管理局的食品生产物料平衡检查。具体内容详见书中表述。百事公司的数字化合规，预防风险的五个工具箱，特别是营养健康可持续的正持计划，可以成为很多食品企业的样板。上海市场监督管理局的物料平衡检查工作指南，是全国首创的新型食品安全监管方法。这种方法让监管更加量化、科学化、精准化，也让企业合规有了更加具体、可执行的规范，防范风险，让食品更安全、更营养、更健康。

此外，日本的合规从被动、他律，进化为主动、自律；注重事前、事中、事后全链路的监管。欧盟的《新食品法令》（2018）和《营养声称和健康声称法令》也会给读者留下深刻的印象。

总之，本书是一部精心之作、成功之作、高水平之作。祝福作者取得更丰硕的成果！

刘兆彬

原国家质检总局总工程师

北京大学法治与发展研究院高级研究员

2023 年 6 月 10 日

前　言

　　本书的特点一是注重理论与实践的结合。从食物权到多个食品问题再到可持续发展对食品领域的影响，理论介绍紧扣我国当前的食品安全监管重点与行业合规发展的亮点。二是在问题导向下，针对性地解析规范，并通过理论阐述和案例启示来提供解决问题的做法与经验。在问题方面，基于实践观察，共总结了 10 个问题，分别涉及如何促进合规共识、加强风险预防、夯实过程管理、实现全程控制、创新监督抽检、改善食品营养、提升餐饮规范、管理进口食品、发挥专家作用、重视律师参与。这些问题的理论分析与案例分享既注重科研单位的学者参与，也有实务部门的监管人员、企业行业参与。可以说，这一专业与经验的分享过程本身就体现了保障食品安全离不开多方协同、社会共治。三是除了食品安全监管和合规方面的案例启示，此次编写还通过他山之石，一方面介绍了域外食品安全领域的合规认识、营养保障与反食品浪费经验；另一方面，则是其他领域的合规发展，包括刑事合规、药品合规和数据合规。

目 录

1

食品安全监管与合规的学理概要

食品监管的安全观、高质量与可持续

▶ 1.1.1　食物权：粮食安全与食品安全

从法律来说，食物权是公民享有的一项基本权利。《世界人权宣言》第 25 条第 1 款和《经济、社会及文化权利国际公约》第 11 条都通过适当生活水准权承认了与食物有关的权利，即由"免饥权"和"足食权"构成的食物权。免饥权指各国可采取必要的措施或经由国际合作，来确认人人免于饥饿的基本权利。在此基础上，足食权的内涵是指当每个男子、女子、儿童单独或同他人一起，在任何时候都具备取得足够食物的实际和经济条件或获取食物的手段。该权利有 3 个基本要求，包括食物的适足性、可得性、可及性，它们分别强调获得食品的数量与质量安全、通过农业自给或市场购买的得食方式、物理上和经济上可获得食品来维持生计。即使在紧急状态下，公民的食物权也不可以被限制，这是它作为基本权利所具有的"不可克减性"。国家有义务尊重、保护和实现这项权利，法律建制因国而异，但农业法、食品法已成为共同的立法选项，以实现食品监管的单一或综合目标。

粮食安全是农业立法的首要目标。《中华人民共和国农业法》以专章方式规定了保障粮食安全的耕地、产区等制度。2019 年，《中国的粮食安全》白皮书也开宗明义地强调：于国家，粮食事关国运民生，粮食安全是国家安全的重要基础；于世界，粮食安全是世界和平与发展的重要保障，是构建人类命运共同体的重要基础，关系人类永续发展和前途命运。何为粮食安全？1996 年世界粮食首脑会议通过《世界粮食安全罗马宣言》和《世界粮食首脑会议行动计划》。据此，只有当所有人在任何时候都能够在物质上和经济上获得足够、安全和富有营养的粮食来满足其积极和健康生活的膳食需要及食物喜好时，才实现了粮食安全。学者孙娟娟、杨娇在《适足食物权及其相关概念的法制化发展》中指出，粮食安全的概念不仅向食物权的概念靠拢，并几乎囊括了食物权的全部内容。尽管食物权的落实被认为是实现粮食安全的一个手段，但通过宣言而不是人权公约定义的粮食安全仅仅只是一个政策性目标而不具有国际法上的约束力，这使得一些国家更倾向于使用粮食安全这一概念，从而为其将反饥饿只停留在政治口号层面的怠惰行为消除承担国际法责任的后顾之忧。从食物权到粮食安全虽是妥协之举，但粮食安全延续了食物权的丰富内容。这也使得衡量粮食安全的维度并非仅限于免于饥荒。根据联合国粮食及农业组织发布的《2013年世界粮食不安全状况》，衡量粮食安全的4个维度分别是食品可供量、食品获取的经济和物质手段、食品的利用以及一段时间的稳定性。

相类似，经济学人智库发布的年度报告——《全球粮食安全指数》针对粮食不安全的根本原因，亦提供了一个通用的框架，实现方式是观察全球食品体系的动态，进而说明一国粮食安全的境况。该报告的作用在于为政府部门的政策评估和投资问诊提供参考。此外，非政府部门可以将其作为改善粮食安全活动的研究工具，私人部门也可以借以确定战略决策，发掘食品消费趋势和提升企业的社会责任。作为定性和定量的基准评估模型，该指数有可购性、可得性、质量与安全、自然资源和韧性4个维度，以便评估发展中国家和发达国家的粮食安全的保障措施。其中，质量与安全维度由5个指数构成，超越了传统的福利度量，如贫困、可及性、供给，并探索了每个国家的平均膳食的营养价值，以及食品安全的环境。可见，食品安全是粮食安全的题中应有之义。

随着人们认知的发展，从粮食安全到食品安全已是你中有我，我中有你的协同关系。对于国家，食品安全亦是一种"底线安全"。

学者韩大元在《通过法治推进食品安全国家战略》中强调，食品是人类生存的必需品，食品安全关乎每个人的生命健康和人格尊严。如果食品安全得不到基本保障，改革、发展与创新也就无从谈起。只有强化食品安全治理，才有可能将其他领域的改革风险最小化，实现改革绩效的最大化。在《食品安全权是健康中国的基石》中，韩大元也强调，"食品安全权"已经成为最基本的人权，成为需要国家保障的基本权利。因此，食品安全作为一种底线安全体现为保障的优先性，也就是当国家利益体系里的其他利益或价值与之冲突的时候，它必须得到优先保障，任何其他利益都不能凌驾于生命健康之上。2020年，联合国粮食及农业组织在第27届会议上就制定新版《食品安全战略》的原因进行了说明，没有食品安全就没有粮食安全。安全是食物的必要属性。人在面临饥饿时，会食用一切可获得的食物，包括不安全的食物。确保所有人实现粮食安全是联合国《2030年可持续发展议程》的重要目标，也是联合国粮食及农业组织职责范围内的既定目标。当政府的政策忽视食品安全，随之而来的社会、卫生、经济和环境后果将阻碍可持续发展目标的实现。作为全球社会高度重视食品安全的成果，每年6月7日被定为世界食品安全日，它旨在引起人们对食品安全的关注，鼓励人们采取行动，以帮助预防、发现和管理食源性风险，为粮食安全、人类健康、经济繁荣、农业发展、市场准入、旅游业和可持续发展做出贡献。

▶ 1.1.2　食品欺诈：食品真实性、食品质量与食品安全

食品欺诈历来有之，亦愈演愈烈，类型上有食品数量上的缺斤短两、食品真实性上的以此充彼、食品质量上的以次充好，以及非法添加有害的化学物质而导致的食品安全问题。这些问题在侵害消费者知情选择的同时也会带来经济损失或健康危害。如实务专家杨杰等在《论食品欺诈和食品掺假》中的总结，食品欺诈、

掺假行为自古有之、全球泛之，常常被视为商业事件，随着现代工业科技的迅速发展，其手段也从早期的缺斤短两、勾兑稀释等简单形式发展到利用现代科学技术手段而进行的"弃真存伪"等掺假形式。同时，随着食品供应链触及的广度更为宽泛，其影响规模也逐渐扩大，影响了全球的经济市场运行、食品质量和安全监管及消费者的身体健康。当食品欺诈既可以涉及物质上的掺假掺杂，也可以是信息上的错误或误导时，经济利益驱动型食品掺假（economically motivated adulteration，EMA）已成为一个全球性话题。虽然食品欺诈和经济利益驱动型食品掺假并未有统一的定义，但这类问题凸显的蓄意性、隐蔽性，使得传统的食品监管体系和监测方法很难应对。

一方面，针对现有的食品欺诈，需要理清相关的概念及问题，以便"对症下药"。例如，吴炜亮等在《经济利益驱动型食品掺假概念研究》中分析了食品质量、食品真实性和食品完整性。其中，食品质量（food quality）包括产品外在的感官风味及内在的物理、化学特性，由食品技术人员和操作人员进行鉴别。食品质量问题一般仅引起经济损失，而不会导致健康问题，例如，导致食品滞销或等级降低。食品真实性（food authenticity）反映食品应有的自身特征，如原产地和品种等真实来源、生产方法或食品成分。食品完整性（food integrity）指食品处于完整的、未减少组分的或完美的状态，用于确保食品链的质量和真实性。食品完整性不但要求食品满足安全、质量和真实性等重要特性，还要求确保食品处于各方面良好的状态，具有全食品供应链的数据可供溯源。3个要求之间存在一定的层层递进关系，反映人们对健康高品质食品的需求。经济利益驱动型食品掺假会不同程度地破坏食品质量、食品真实性和食品完整性。经济利益驱动型食品掺假会造成食品质量问题，其模糊了食品的质量或等级。由于掺假物质的不确定性，使得经济利益驱动型食品掺假造成的食品质量问题是否会影响消费者健康也具有不确定性。食品真实性与溯源技术则是食品打假的有效手段，也是震慑食品从业者和防控经济利益驱动型食品掺假的重要方式。食品完整性既是对食品的最高要求，也是指导食品全链条生产的宏观理念，有助于建设食品供应链的风险控制体系。

另一方面，食品欺诈也有国别或地区的差异性。2013 年年初发生的"马肉风波"在震惊欧洲各国的同时，也使食品的"真实性"和"安全性"问题再次引起了公众的广泛关注。通过比较研究，唐晓纯等学者在《关于食品欺诈的国内外比较研究进展》中分析认为，发达国家发生的食品欺诈大多影响的是食品真实性。我国的食品欺诈不仅存在真实性问题，而且非法添加非食用物质和有毒有害物质，使得安全性问题更为突出。对于分类规制，学者孙颖在《食品欺诈的概念、类型与多元规制》中建议，关于食品欺诈的概念、类型及规制方法的研究，在国外已积累了一批研究成果，治理重点在经济驱动型的食品掺假以及标签虚假等信息欺诈，提出了包括脆弱性评估、建立食品掺假和食品欺诈数据库、跨境合作监管在内的一系列治理措施。食品欺诈在我国是指食品安全欺诈，其概念、类型表现出一定的差异性，规制重点在信息欺诈领域，与食品安全相关的食品非法添加也是食品欺诈的规制重点。我国对食品安全欺诈的治理应综合采取风险监测、黑名单制度、技术治理等多元规制方式，将监管体系由终端向预防延伸，通过食品全供应链管理，打击食品安全欺诈违法行为。需要强调的是，经济利益驱动型食品掺假的盛行也带来了非传统食品安全及其治理的新挑战。根据《非传统食品安全及应对策略》一书的介绍，我国提出的"非传统食品安全"的概念，指由于人为故意污染和蓄意破坏造成的食品安全问题，与传统的偶然发生的食品安全进行了区分。概括来说，"非传统食品安全"具有不可预测性、防控的艰巨性、影响的广泛性，因此，有必要引入食品安全管理理念和方法，或对现有的食品安全管理理念和方法进行升级、改造、扩展和完善，扩大风险防控的范围，涵盖对故意污染或蓄意破坏问题的防控，从而达到有针对性的管理。例如，食品防护是防范非传统食品安全风险的方法和手段。

▶ 1.1.3 食品营养

食品营养是粮食安全的内在要求，因为不饿肚子不等于真的"吃饱"，"隐性饥饿"也是一种饥饿症状。在《我们为什么关注"隐性饥饿"》一文中，"隐性饥饿"被认为是由于营养不平衡或者缺乏某种维生素及人体必需的矿物质，从而产生隐蔽性营养需求的饥饿症状。相较显性饥饿患者因能量、蛋白质、脂肪等摄入不足导致营养不良，呈现出体重减少、瘦弱不堪的体态，隐性饥饿患者可能呈现出健康的体态，但会增加癌症、糖尿病、心血管疾病等慢性病的风险（大约70%的慢性疾病与隐性饥饿有关），会影响人的智力、体力、免疫力以及造成出生缺陷，严重危害身体健康。因此，营养安全亦是食品安全的题中应有之义。《中华人民共和国食品安全法》（以下简称《食品安全法》）中规定，食品安全，指食品无毒、无害，符合应当有的营养要求，对人体健康不造成任何急性、亚急性或者慢性危害。基于此，《食品安全法》凸显了特殊人群或特殊食品的营养安全要求，如婴幼儿的配方食品。此外，为适应新时期加强学校食品安全与营养健康管理、推进健康中国建设的新要求，保障学生和教职工在校集中用餐的食品安全与营养健康，2019年，教育部、国家市场监督管理总局、国家卫生健康委员会联合印发了《学校食品安全与营养健康管理规定》，强化了学校在学生营养健康方面的责任，要求学校将食品安全与营养健康相关知识纳入健康教育教学内容，明确中小学、幼儿园应当培养学生健康的饮食习惯，加强对学生营养不良与超重、肥胖的监测、评价和干预，利用家长学校等方式对学生家长进行食品安全与营养健康相关知识的宣传教育。

作为健康的基石，食品营养的重要性不仅在于满足必要的营养素所需。当解释为何举办第二届国际营养大会时，联合国粮食及农业组织和世界卫生组织呼吁国际社会关注为全面解决营养问题而付出进一步努力，因为营养不良不仅仅局限于饥饿，它是充分开发和实现人的潜力的主要障碍。特别是对于儿童而言，营养不良造成的长期影响包括身体和智力发育迟缓，使他们在学业上无法充分发挥潜力。这反过来又影响其未来的就业和收入，从而陷于贫困的恶性循环，并影响了社会的经济发展。因此，合理膳食、增加机体营养、提升人体免疫力，除了满足个人保健促健的需求，也对疾病防控具有重要意义。一如学者吴永宁、孙娟娟在《2021 年中国食品安全发展概述》中分析的，无论是科学研究的进展还是各国实践的教训，重视食品营养问题，并从国家和个人的多重干预来保障并促进健康，才能综合解决与营养相关的食品安全问题，并通过改善营养来增强国民身体素质和实现健康中国的战略目标。然而，与食品安全规制相比，营养规制比较复杂。一如孙娟娟在《欧盟营养干预中的多元规制和规制多元》所指，营养被视为健康的一个决定因素。一方面，营养对于健康的影响认知是渐进发展的，尤其是从营养不足到营养过剩的认识转变及其关联的不同健康问题。另一方面，国家的营养干预也需要针对食品营养这个领域具体明确国家保障国民健康权的界限，以便在健康权实现方面平衡市场及个人的自由和国家尊重、保护和促进的义务。正因为如此，在健康日益成为公共议题，且国家干预不可或缺、模式多样的背景下，跟进营养方面的干预日益重要也兼具挑战性。

▶ 1.1.4 食品可持续

2015 年，第 70 届联合国大会通过了《2030 年可持续发展议程》，呼吁各国采取行动，为今后 15 年实现 17 项可持续发展目标而努力。总的来说，可持续发展目标旨在消除贫困、保护地球、改善所有人的生活和未来。其中，第 2 个目标是消除饥饿，实现粮食安全，改善营养状况和促进可持续农业。根据 2021 年版《世界粮食安全和营养状况》，2020 年，受新冠疫情影响，世界范围内的饥饿人数有所增加。在连续多年维持不变之后，食物不足的发生率在短短一年中从 8.4% 升至 9.9%，到 2030 年实现零饥饿的目标已变得极具挑战性。与此同时，健康膳食可保护人们免受因各种形式的营养不良引起的相关疾病，包括糖尿病、心脏病、中风和癌症等非传染性疾病。然而，2017 年至 2019 年，健康膳食的经济不可负担性在非洲和拉丁美洲突显，而 2020 年，由于新冠疫情的影响，健康膳食的经济不可负担性在大多数区域都上升。要抵御加剧粮食不安全和营养不良的气候变化、地区冲突等驱动因素，需要转变粮食体系，为人们提供负担得起的可持续、包容性健康膳食。对于这一挑战，樊胜根、高海秀在《新冠肺炎疫情下全球农业食物系统的重新思考》中建议，未来食物系统应当是高效高产、低碳、健康营养、韧性、可持续并具有包容性的生产系统，其中韧性对于应对新冠疫情等冲击并从中恢复至关重要，可从技术、政策、制度、贸易等方面增强未来农业食物系统韧性。例如，鼓励并支持技术创新，优化农业投资优先序；加大制度创新，扩大社会保障体系；减少食物损失和浪费，引导树立健康食物消费观念等。又如，《中华人民共和国反食品浪费法》的制定即为具体的立法回应，以侧重餐饮环节的多元参与和多措并举来减少"舌尖上的浪费"，并通过对粮食和食品在存储、运输和加工环节的规定兼顾其他重点环节的损耗与浪费规制。当下法律的制度安排契合了我国国情，凸显了公务活动用餐的引导性、多元分工合作的共治性、数据分析支持的先进性、地方配套立法的制宜性。

比较而言，欧盟《从农场到餐桌战略——建立公平、健康和环境友好型食品系统》新政则更具体系性。欧盟意识到，不可持续的食品系统在面对新冠疫情等危机时，不具有韧性。当下的食品系统的温室气体排放量占全球温室气体排放量的近三分之一，消耗了大量的自然资源，导致了生物多样性丧失和不利的健康影响（包括营养不足和营养过剩），且使得所有的参与者尤其是初级生产者都无法获得公平的经济回报，而且使生计受到影响。选择可持续的食品系统为食品价值链中的从业者提供了新的机遇。新的技术和科学发现，结合日益提升的公众意识和对可持续食品的需求，将惠及所有利益相关者。因此，《从农场到餐桌战略》的目的是加速可持续食品系统的转型，其特点是：对环境的影响是中性或者有益的；有助于减少气候变化并适应其带来的影响；逆转生物多样性丧失的趋势；保证粮食安全、营养和公众健康，确保所有人可以获得充足、安全、营养且可持续的食品；在保持食品可负担性的同时实现更为公平的经济回报、提升欧盟供应部门的竞争力和促进公平贸易。为此，该战略同时规定了规制型与非规制型的项目，且得到共同农业政策和共同渔业政策的支持，以实现公平转型。为了执行该项战略，一项举措是提出了《可持续食品系统的立法框架》提案。根据战略内容规划，欧盟委员会大致会在 2023 年年底通过该立法提案。该项立法的目的是加速和便利食品系统向可持续发展转型。

 食品安全监管中的市场、社会与科学

▶ 1.2.1 市场监管与合规型监管

市场监管源于市场失灵，解决之道关联市场、社会、国家（政府）的分工与合作。学者张宝在《规制内涵变迁与现代环境法的演进》中总结，百余年来，监管的内涵经历了由直接监管到激励监管再到监管治理的变迁。虽然公法规范强调国家有消极不侵害公民自由的义务，但当自由市场受到挑战、贫富差距加剧，国家同时肩负给付义务等，如为国民提供基本的生存照顾，对市场行为进行调节与干预。从经济性干预到社会性干预，风险社会的出现使得社会性监管的比重逐渐超过经济性监管。即便新的社会背景需要放松监管来再造监管，放松监管也主要针对经济性监管领域，社会性监管非但没有减少，反倒呈持续强化的态势。社会性监管不再一味强调政府直接采取命令与控制手段，理论和实务上逐渐认为，面对分化多元的社会，必须打破国家与社会的二元对立，对监管内涵进行革新与再造：监管主体上除了公共机构外，企业等亦可以进行社会自我监管；监管手段上采取多元手段，综合采取直接监管、激励性监管、信息监管等；监管依据上除了法律，开始倡导通过软法进行社会治理。就此来看，监管的内涵亦由传统的"统治"转变为"治理"，从而形成由国家、社会与市场共同塑造监管过程的"监管治理"。这一变迁对于环境监管和环境法的影响表现为不同发展阶段对环境保护目的和手段的认知差异。即便如此，这些差异也并非相互排斥，而是基于社会变迁对既有监管手段进行的限制、修正和完善，从而更好地实现环境监管的目标。相类似，政府在食品监管时也面临着多目标权衡、多工具选择的挑战。社会变迁下的饮食需求、健康需求变化亦影响着政府监管对不同目标、不同手段的认知差异。

当市场交易成为获取食品的主渠道，信息不对称、负外部性等市场失灵现象需要政府干预食品供应、保证食品安全。当广义的市场监管指向政府的一项职能时，预防式的政府监管可保护消费者权益，保障生产经营者之间的公平竞争。然而，将食品监管纳入市场监管，安全保障的监管目标与经济发展相关的其他目标存在孰先孰后的争议性。学者冀玮在《市场监管中的"安全"监管与"秩序"监管——以食品安全为例》中指出，其一，市场监管存在"秩序"与"安全"监管这两种并行的监管职责。前者的本质是以维护市场经济的生机活力为终极目标、以规则的明晰与服从为手段，以保证市场的有效运转为目的的行政行为。此间，规则表现为一种社会契约，如交易约定、自我声明等，监管意在保证这些规则被遵守，并采取行动来恢复被破坏的秩序。作为典型的安全监管，食品安全监管的本质是"生命健康权"的维护。当安全是任何发展都不可或缺的前提时，如果食品不安全，其直接影响的并不只是经济发展，还有民生。其二，安全监管的具体内容表现为风险管理，因此，食品安全的内容要求变化会随科技发展进步而变化。相应的，安全监管的具体实施以风险控制为原则，以风险分级管理为基本思路，这些都体现在了《食品安全法》的制度安排中。其三，"食品安全监管"并不是"食品监管"，二者之间存在着诸多根本性差异。无论是安全监管立法还是秩序监管立法，其监管的对象其实不是食品（产品）而是背后的生产经营活动（行为），涉案食品只不过是相关行为的证据表现而已。这一认知有助于解决根据既有的市场监管立法，"假冒伪劣"食品或食品"缺斤短两""掺假掺杂"应当如何定性并处罚。

随着食品安全法制的完善与渐进性的食品安全监管优化，我国食品安全监管在完善命令控制型监管方式的同时，也注重经济激励、柔性引导和公私合作。学者胡锦光、孙娟娟在《食品安全监管与合规：理论、规范与案例》一书中既"并联式"地介绍了食品安全监管中的个体性自我监管、集体性自我监管与回应性政府监管，也"串联式"地分析了在历时性的演变中，以控制命令型为特点的政府强监管如何通过制度创新来整合凸显过程控制的合规管理、推进基于多元互动的食品安全共治。以监管者和被监管者的公私互动为例，行业内构建的质量管理体系与"元监管""基于内部管理型监管"的理论发展相契合，也日益成为政府构建食品安全监管制度的原则性要求和具体规范要求。如《食品安全法》要求食品生产经营者通过构建内部管理制度来履行保障食品安全的主体责任。

从监管性合规到基于合规的监管再优化，实务专家洪海在《探索市场监管领域合规监管的必要性思考》中将"合规管理"扩张解释为不仅包括企业治理方式的合规，还包括行政监管激励机制的合规、刑法激励机制的合规等。洪海认为，引导企业合规管理，建立市场监管领域合规监管制度，对于探索利用合规监管方式、实施激励性监管、推动企业内生性监管、提升市场监管行政效能、优化营商环境有着积极的现实意义。当前，随着公司治理的发展，政府监管与企业合规的良性互动已经成为新的研究和实践热点，尤其是监管如何回应合规以激励企业履行法定义务。实务专家邓峰在《公司合规的源流及中国的制度局限》中指出，我国已有的合规实践表明，由于整体制度尤其是法律制度中的基础性条件的缺乏，导致合规在中国的施行存在着诸多困难。已有的实践尽管出现了变化，但采纳合规仍然是法律制度的发展方向。从域外经验来看，在监管等层面，合规属于刺破式的，介入到公司的权利体系及其日常运作之中。监管层面对合规体系的评估强化了公司按照明确的规则对权利分配、流程等方面所进行的运作，公司趋向于透明化。同时也意味着公司治理的一般框架得到了法律或监管的确认。

从域外实践到理论归结再到创新，"市场监管"于我国而言不仅只是一项政府职能，更是一项具体建制。学者胡颖廉在《"中国式"市场监管：逻辑起点、理论观点和研究重点》中指出，2018年《深化党和国家机构改革方案》明确要求组建国家市场监督管理总局，负责市场统一监管和综合执法，开启了监管本土化的新时代篇章。对于这一"中国式"市场监管的内在机理，胡颖廉认为其不同于发达国家"监管是市场机制的补充"的定位，因为我国经历了从计划经济向市场监管的反向制度演进，因此塑造了行政吸纳市场、剩余监管权和非自主性社会共治的独特格局。作为应对之策，我国市场监管优化亦要考虑崛起于域外的监管科学，以便主动适应日益进步的科技，从而成为制定监管政策和法规的科学基础。因为，监管科学是为回答特定监管领域的政治和政策问题所产生的科学，其研究对象可以是医药、环保、安全生产领域的高科技产品，也可以是金融市场、消费品市场、能源市场的复杂交易行为，还可以是监管部门采用的先进政策工具。只有真正将监管作为需要用科学知识来回答的问题，才能超越单纯的利益之争。

▶ 1.2.2　社会监管与风险型监管

风险社会的到来使得政府日益强化食品安全等社会性监管。作为一种风险监管，科学导向为监管者提供了评估风险、防控风险的客观依据。监管科学的兴起进一步提升了监管者及时应对和应用新技术、回应行业发展需要的能力。就食品安全风险监管的客观性而言，我国已建立风险监测、风险评估、食品安全标准等制度。大数据等新兴工具进一步促进了食品安全风险预警的发展，这是为避免或减少食品中存在或可能存在的隐患导致消费者健康损害而采取的防控措施。2017年，国家食品药品监督管理总局在《食品安全风险预警工作的指导意见》中指出，风险预警工作的内容主要包括收集食品安全风险信息，分析研判风险状况和变化趋势，提出并采取防控措施。在学者王贵松看来，现代社会中，政府发布由食品安全等所引发的风险信息已成为其职责所在，但在《食品安全风险公告的界限与责任》中，王贵松指出我国在风险公告方面的法律规范较为简单，应当在是否发布风险公告、如何发布风险公告问题上着力提升风险公告行为的合法性，同时应当允许提起撤销诉讼、国家赔偿诉讼和国家补偿诉讼，以便更好地协调私人利益与企业利益之间的关系。

当认识风险成为风险型监管以及风险治理的核心命题时，风险并非一种客观存在，而是社会建构。学者戚建刚在《食品安全风险属性的双重性及对监管法制改革之寓意》中指出，食品安全风险属性可抽象为两大模式。其中，现实主义模式以食品安全风险现象本身作为认识的逻辑起点，这意味着食品安全风险是一种客观存在。建构主义模式从多个维度来评价食品安全风险的负面后果。该模式认为，物质性维度虽然是评价食品安全风险负面后果的重要方面，但并不是最重要的方面，也不是唯一的方面。伦理的维度、政治的维度以及心理的维度在评价食品安全风险的负面后果方面同样重要。除了累计死亡或受伤人数外，建构主义模式至少还会考虑食品安全风险是否具有灾难性、可控性，是否会平等分布、影响下一代人；涉及对广大消费者无法弥补的或长期的损害等是否为广大消费者所熟悉；是否可能导致广大消费者的恐慌等。监管者要同时重视现实主义模式和构建主义模式对食品安全风险监管的寓意，在理性、科学与民主、公平之间获得恰当的平衡，以此增强不同主体对我国食品安全监管制度的信任。

典型的案例为风险交流。不同于现实主义模式下的单向的、直线型的及封闭性的风险交流，构建主义下的双向的、开放的食品风险交流的实质是具有不同利益诉求的主体去定义和建构食品安全风险的过程。这个过程包含着广大消费者对食品安全风险监管机关权威的重新认识，以及对食品安全风险监管权力的重新认定。它的目的不仅仅是食品安全风险信息的告知或引导，而是通过交流来重新塑造食品安全风险监管机关及其聘请的专家与广大消费者之间稳定的社会关系，维持彼此的信任关系。2015年修订的《食品安全法》增设了风险交流制度。根据该法第二十三条，县级以上人民政府食品药品监督管理部门和其他有关部门、食品安全风险评估专家委员会及其技术机构，应当按照科学、客观、及时、公开的原则，组织食品生产经营者、食品检验机构、认证机构、食品行业协会、消费者协会以及新闻媒体等，就食品安全风险评估信息和食品安全监督管理信息进行交流沟通。

对于2015年修订的《食品安全法》，学者王伟国在《宜将风险交流制度明明白白入法》中指出，从食品安全监管角度而言，风险交流是食品安全监管方式转变的有效突破口，可以使监管变得"事半功倍"。食品安全问题并非中国独有，但我国公众对食品安全问题存在一定的误解。一方面，我国公众的科学素养和独立判断能力仍有提升空间；另一方面，互联网的普及使得公众能以较小的搜寻成本获取食品安全事件的各种信息，而食品安全网络舆情中流言甚至谣言极易传播，导致公众对食品安全的不信任感不断加剧。在这样的氛围中，公众难以理性看待食品安全风险。要改变这种局面，就必须开展及时有效的风险交流工作。当然，风险交流对组织交流的监管部门、有关部门和机构的人员素质也提出了更高的要求，特别是与社会各界沟通交流的能力，必须进行专业的训练才能养成。对于如何构建风险交流制度，学者沈岿在《风险交流的软法构建》中认为，可以通过同风险交流内涵和特点较为契合的软法规范来形成有序且有效的风险交流。一是因为风险交流需要更多指引性的而非强制遵守的规范，二是需要为多元主体提供指引规范，三是风险交流规范的适用和修改需要具有开放性和回应性，四是风险交流指引性规范需要具体、细致的叙述。

无疑，重视风险交流并提升沟通能力是新的监管理念的侧重方面。与风险管理相匹配的新理念有助于实现食品安全风险治理从经验治理到科学治理、从传统治理到现代治理的重大转变，实务专家徐景和在《食品安全治理创新研究》一书中论述了如何深化食品药品安全风险治理认识，这包括风险分类治理认识、风险平衡治理认识、风险全程治理认识、风险能动治理认识、风险动态治理认识、风险持续治理认识、风险递进治理认识、风险灵活治理认识。其中，食品风险分类的目的就是要实现食品安全的科学化治理。例如，2016 年发布的《食品生产经营风险分级管理办法（试行）》就要求监管部门根据食品生产经营者的风险等级，结合当地监管资源和监管水平，合理确定对企业的监督检查频次、内容、方式以及其他管理措施。从理念到规范再到实务，学者安永康认为我国基于风险管理原则构建的食品安全监管日益凸显基于规则进行监管的特征，其撰文《基于风险而规制：我国食品安全政府规制的校准》指出，基于规则的食品安全监管表现为监管标准偏重详细命令、监督检查中的风险分级形式化、行为纠正过程回应性不足。这与基于风险而监管的逻辑不相符，后者的起点与核心在于风险，要求监管体系具备足够的灵活性与回应性。尤其是监管者要对现实世界的变化、革新，有更敏感、更迅速的反应。这又进一步要求立法者可为执法者保留充分的活动空间，从细节干预中抽身，在确定基本目标与原则的同时，允许政府监管机构根据实际情况，细化监管标准。在法律实施过程中，允许执法者结合自身专业技能与实际情况，全面评判风险，合理选用工具。

▶ 1.2.3　监管科学与科学型监管

《食品安全法》第三条规定，食品安全工作实行预防为主、风险管理、全程控制、社会共治，建立科学、严格的监督管理制度。对于这些食品安全工作的原则性要求，建立健全食品安全监督管理制度的探索是明晰何为食品安全工作的科学性，又该如何建立科学的监督管理制度。

对于上文提及的监管科学，学者杨悦在《监管科学的起源》中论及，监管科学作为独立学科构建的背景是为了和研究科学相区分，以使其成为一门包含科学、社会和政治相互关系的学科。在监管科学得到美国独立监管机构食品药品监督管理局重视后，被该机构描述成公众健康机构为履行职责所需的基于科学的决策过程。这包括研发和使用新工具、标准和方法，以便于更有效地研发产品，更有效地评估产品的安全性、有效性和质量。从美国到欧盟、日本再到国际组织的认可方面，实务专家毛振宾、张雷在《国外药品监管科学技术支撑体系研究及思考》中指出，世界卫生组织认为监管科学是监管决策的基础，是用于评估人用药和兽药在整个生命周期内质量、安全性和有效性的科学。为此，荷兰乌特勒支大学/世界卫生组织药物政策和监管科学合作中心于2008年3月被指定为欧洲/世界卫生组织药物流行病学和药物政策分析合作机构，主要致力于解决各种公共卫生问题，分为3个核心主题：全球卫生、监管科学和治理。作为独立第三方，该中心在临床领域中具有丰富的专业知识，与其他众多科研机构、监管机构、非政府组织建立了广泛而强大的联系网络，从而开展监管科学前沿研究。

为全面贯彻落实习近平总书记有关食品药品安全"四个最严"要求，围绕"创新、质量、效率、体系、能力"主题，推动监管理念制度机制创新，加快推进我国从制药大国向制药强国迈进，国家药品监督管理局于2019年发布通知，决定开展药品、医疗器械、化妆品监管科学研究，启动实施中国药品监管科学行动计划，并确定首批9个重点研究项目，如细胞和基因治疗产品技术评价与监管体系研究、人工智能医疗器械安全有效性评价研究、真实世界数据用于医疗器械临床评价的方法学研究等。鉴于此，学术界也加大了对监管科学的研究，以期为我国实践提供理论指引并总结本土经验。例如，学者王晨光、张怡在《监管科学得到兴起及其对各国药品监管的影响》中指出，药品监管科学是药品监管的基础，药品监管自身也需要依据科学来建构和运行。从历史来看，药品监管科学是各国，尤其是对美国药品监管百年历史的经验总结，切中药品监管的普遍规律。进入 21 世纪以来，科学技术迅猛发展，药品监管机构面对挑战必须开发新的监管手段、工具和方法，以适应药品行业的发展。当然，药品监管部门作为政府行政部门行使行政权力，其权力运行必须以科学为根据和基础。如此一来，行政监管与科学深度融合，产生监管科学；良好的监管科学又将有力地推动药品行业的整体发展。

对于我国发展监管科学和领域试点的应用，实务专家毛振宾等在《中国特色监管科学的理论创新与学科构建》中指出，尽管我国监管科学发展起步相对较晚，但近年来，国内学术界及监管部门围绕中国特色监管科学的理论创新开展了大量探索研究，不少高校已开始关注监管科学学科建设和人才培养，在监管科学课程开发、专业设置等方面开展了大量创新探索和教学实践。国家药品监督管理局更是高度重视监管科学学科发展，积极建设药品、医疗器械、化妆品等相关监管科学研究基地（研究中心／研究院），依托国内知名高等院校和科研机构，系统开展监管科学基础理论研究，推进监管科学学科建设，鼓励和推动有条件的高等院校开设监管科学专业，构建中国特色监管科学学科体系，培养监管科学领军人才。

尽管我国监管科学的应用探索主要集中在药品监管领域，但夯实食品安全监管的科学基础、发挥科学专家在食品相关决策中的作用历来受重视，这也为监管科学在食品监管领域内的应用奠定了基础。例如，研究人员黄传峰等在《食品真实性关键技术在监管科学领域的研究建议》中指出，食品监管科学的其中一个重要方向是针对全链条的控制管理，通过标准化和规范化手段，结合利用先进科技的转化，以预测、预警、综合评判的方式，实现食品安全的综合性提升，为社会共治服务。在欧美发达国家，已经通过白皮书或者计划文件的形式，规定监管科学的重点方向和实施意见；针对食品安全的综合监管，围绕食品安全相关的风险鉴别、质量安全、危害溯源、潜在风险评估、毒性评价、信息交流共享等方面进行部署并开展相关工作。

因此，对于我国食品的综合监管改革，建设监管科学为基础的食品安全综合监管体系，顺应强化科技转化，以"放管服"（简政放权、放管结合、优化服务）的监管模式推动供给侧改革，是食品安全监管依据"健康中国2030"和食品安全战略发展的重要需求。

鉴上，监管科学的应用可一并适用于我国食品监管，且需要注意以下几个方面的制度安排。其一，监管的科学性在于技术应用，包括产品研发与监管回应。对于后者，科学与政治的分工与合作要注意职能的协同与职责的分野。学者刘鹏、钟晓在《西方监管科学的源流发展：兼论对中国的启示》一文中认为监管科学的核心命题在于：如何在公共决策中平衡科学和政治的因素，如何界定科学与政策？它们各自的边界在哪里？科学与政策是分离还是融合？在回应这些问题的过程中监管科学经历了分离主义、科学与政策走向融合、划界与协商3个重要发展阶段。以第三阶段划界与协商为例，其优势是将科学的"可行"方向与政治的"应该做"问题结合起来，让科学和政治互相建构，既能促进科学与政策合作互惠，提高政策的科学性，又能保持各部分的相对独立性。作为启示，监管科学首要分清是科学问题还是政治问题，只有在识别清楚问题的性质之后，监管科学才能在阐明解决方案的过程中对症下药，发挥更大的作用。此间，要平衡好政治问责与科学监管之间的关系，要将政治责任建立在监管科学的基础上，最大限度地避免"替罪羊"式问责以及集体避责等现象发生。

其二，对于发挥科技作用和推动监管科学发展，需要组织和程序安排的双管齐下。对于前者，张雅娟等在《美国FDA监管科学与创新卓越中心建设初探》中介绍了美国食品药品监督管理局（FDA）于2012年设立的监管科学和创新卓越中心。其采取与学术机构签署合作协议的形式，为学术机构提供与美国食品药品监督管理局科学合作的机会，以期更好利用最新的科学技术指导监管决策，同时促使其更专注于监管科学的进步。对于程序安排，学者宋华琳在译文《科学型规制中的程序选择》中指出规制机构需要独立的科学共同体来验证自己的专业判断。当食品等科学型规制中出现争端时，要让科学家和决策者参与到争议的解决过程中。当从制度上让科学家同决策者的角色相分离时，解决方案更可能从协商中，而非从剑拔弩张、短兵相接的冲突中浮现出来。例如，选择一个适宜的制度论坛，是促进（科学和非科学）利益间协商的必要步骤，它与对科学的解释休戚相关。进路之一是去创设一个由多方参加的机构，能同时就"事实"和价值上的差异进行协商。

其三，对于科学技术的监管助力，"互联网+"的背景下要兼顾信息技术的辅助或加持作用，但不能忽视食品相关科技带来的基础优化作用。学者孙娟娟在《政府监管优化的智慧化取向：以食品安全监管为例》中指出，与时俱进的智慧监管发展势必包括依托于技术升级带来的监管改进。而基于领域特点，技术支持并不限于互联网技术。作为监管者，保障公众健康的一个任务是促进这些具有应用前景的创新应用落地和保障它们的安全性，以及不会带来非预期的结果。例如，针对食品和食品安全，美国食品药品监督管理局在《推进公众健康的监管科学：FDA 监管科学行动计划框架》中概述了推进食品监管科学的安排，因为缺乏足够的科学能力和工具同样限制了监管机构保护国家食品供应的能力。为此，通过把握以下机会和推进食品安全监管科学的持续性努力，美国食品药品监督管理局可以为提升食品安全水平和保障公众健康提供所需的知识、工具和科学领导力。这些机会包括，一是研发有效的工具和策略来开展抽样、检测和分析，如导致公共健康安全的大肠杆菌 O157：H7，沙门氏菌和李斯特菌等；二是跟踪食品供应中的沙门氏菌和使用最为先进的技术来发现人类沙门氏菌感染的动物来源；三是预防微生物危害，如研究食品中的微生物危害流行性和行为，以便为评估风险、确定潜在的有效控制措施、制定食品安全标准和发布行业指南提供所需的数据；四是回应食源性疾病，尤其是及早干预安全事件和更为精准的病因定位；五是控制毒素，包括毒素污染物导致的影响，对于自然毒素和营养成分丧失活性的影响；六是监测食源性病原体中的抗生素耐药性。

2

食品安全监管与合规的实践挑战

2.1 问题：食品行业与合规共识

顾名思义，合规是符合规范之意。随着法律规范的日益趋严，符合法定要求已成为企业合规的主要选项。这不仅使得法律合规成为检察院等实务部门的关注重点，也使其成为学术研究的热点议题。继《食品安全监管与合规：理论、规范与案例》的合规介绍，本书通过文献参考与案例分享进一步概述了法律合规的实务进展与理论争鸣。不同于严刑峻法的威慑作用，法律合规旨在通过激励作用来促使企业重视合规管理。这包括刑事上的出罪，也包括行政上的尽职免罚。法律效果的双管齐下使得企业做出管理回应，通过内向的制度建设与外向的交流沟通，来探索获取合规激励的路径。

结合具体领域，一般法和特别法的法制完善驱动了企业合规，也为企业提供了"何为规"的范围和"如何合"的方式。然而，合规的广义性和行业的特殊性依旧给合规共识带来挑战，如合规与法律合规的区别，形式合规与实质合规的区别等。就食品行业而言，这是一个强监管领域，且以最严谨的标准、最严格的监管、最严厉的处罚、最严肃的问责（简称"四个最严"）织牢食品安全法网。从法律责任来说，规范既有威慑性的处罚到人，也有尽职免责的合规激励。此外，结合行业特点，法律规范不仅从法定义务强化了食品生产经营者的自我监管，而且也通过食品安全国家标准这一技术规范，细化了产品成分、标签信息、卫生规范等强制性要求。

因此，食品企业的合规首先具有法律性，即法律合规。也就是说，食品企业应通过内部管理来履行法定义务，承担主体责任，否则会面临行政乃至刑事问责。除此消极驱动，积极驱动则是可以以合规管理来证明自己守法守规的主观意愿和尽职履责的客观情形，进而免于处罚。鉴于合规管理带来的监管合作可能，食品企业日益重视合规管理。结合食品安全监管的理论发展和我国实践启示，《食品安全监管与合规：理论、规范与案例》从个体性自我监管和集体性自我监管的维度分享了企业的合规管理案例，内容覆盖产品设计、进货查验、过程管理、成品检测等。为了确保合规的系统性和持续性，以上管理经验表明，一是可从团队建设上为合规管理提供组织保障，二是可从系统建设上为合规管理提供技术支持，三是可从文化建设上为合规管理提供行为指引。当行业内的"要我合规"转向"我要合规"并诉求更多的规范指引时，监管者的创新之一是借助指南等软法工具细化要求，提供指导。

其次，食品行业的合规具有技术性，即食品安全标准的规范作用。企业因其产品/服务、规模、能力差异而有不同的合规建制。例如，规模企业可以自建合规团队，中小型企业则可以通过第三方获得合规管理服务。即便选择契合自身特色的合规路径，通过合规管理实现的食品安全水平应符合法定的底线要求，这亦是通过食品安全标准确认的可接受风险水平。换言之，何为食品安全是一项科学判断，基于风险评估的标准设定可以协调统一产品中的物质使用、过程中的危害防控、标签中的信息披露。当这些要求通过法定授权成为强制性要求后，合规的技术性一方面是指食品企业的法律合规需要整合这些技术性规范；另一方面，合规人才不仅需要法律专业来理解法言法语，而且需要食品科学的专业支撑来执行化学性、生物性的技术要求。因此，为了便利内向的制度建设规范性和实操性，外向的交流沟通不仅可以帮助企业了解强制规范的制定背景、要求释义等，而且可以借助立法立规的参与程序，提供技术信息，表达行业诉求。

最后，合规具有争议性。一方面，"何为规"的范围如何确定？广义来说，规范包括但不限于法律规范。企业的自我承诺，合作方的合同要求，所在社会的公序良俗都可能提出高于或宽于强制性法律要求的规范。另一方面，"如何合"是方式选择，更应结果导向。然而，结果是否60分即可？实践中不乏"制度上墙"的象征性合规现象。所谓食品安全等于行为。只有践行食品安全的规范要求，才能将其融于日管控、周排查、月调度等管理行动，并最终转变为具体的安全产品与服务。这期间除了违规与合规的区别，合规也有高低之分。如果说法律合规是底线追求，那么其他的规范选择可体现企业追求卓越的高线定位或差异定位。当政府监管者以合规加强企业主体责任时，其也需要合规的底线与高线思维，以为企业的高质量发展提供公平的营商环境。

评析：孙娟娟

▶ 2.1.1　案例　达能：通过食品，为尽可能多的人带来健康

作为一家知名的跨国食品饮料公司，达能在专注健康、快速发展并引领潮流的三大领域开展业务：专业特殊营养、基础乳制品和植物基产品、饮用水和饮料。公司拥有超过 10 万名员工，业务遍及全球 120 多个市场，2021 年销售收入约为 242 亿欧元，旗下拥有众多知名的国际品牌和发展强劲的本土品牌。

达能以"通过食品，为尽可能多的人带来健康"为企业使命，鼓励更为健康、更有利于可持续发展的饮食行为，同时致力于为营养健康、社会及环境带来切实影响。为实现长期的业绩增长、竞争力提升及价值创造，达能制定了"振新达能"战略，并计划在 2025 年之前成为首批获得共益企业认证的跨国企业之一。公司也被纳入反映社会责任的主要指数，包括 Vigeo 和 Ethibel 可持续发展指数，MSCI 环境、社会责任和公司治理指数，富时社会责任指数，彭博性别平等指数和全球获取营养指数等。

一、达能质量与食品安全文化：多元参与

什么是组织（企业）文化？它通常决定了员工在该组织（企业）内的工作方式，决定了该组织（企业）日常运作的驱动模式，也决定了该组织（企业）的自上而下和自下而上的共同价值观、信

仰和规范。文化的力量和重要性不言而喻。有研究表明，强大的文化会使整个组织（企业）有更好的决策效率，促进业绩得到提高。此原则也同样适用于食品安全与质量。

（一）达能质量与食品安全的理念和价值观

所有达能人都致力于让消费者不仅要能够享用，还要信任达能的产品。达能希望所有员工了解他们所扮演的角色，以确保对消费者、客户和利益相关者履行这一承诺。对此，达能积极提倡：

1. 在任何时候都要把消费者放在第一位。

2. 在质量与食品安全方面不做任何妥协。

3. 推动持续改进质量与食品安全相关工作，例如，通过数字化工具（如 Tell Danny），收集达能内部员工对质量与食品安全的反馈和建议，以持续提高相关方面的管理工作。

4. 让所有达能人为工作感到自豪，例如，"iCare 我关心"奖项竞选，鼓励达能员工分享该部门开展的质量与食品安全相关工作是如何提高运营效率，助力业务发展。

这种思维模式和价值观充分体现在达能食品安全文化中。达能通过 iCare 项目积极推广质量与食品安全文化，让这一文化传播到全食品价值链上的每一个部门，根植到每一位达能人的日常所思、所想、所做中，确保其赋能并驱动全体达能人做出正确、合适的操作和决策。

（二）达能的质量与食品安全文化推广项目

达能的 iCare 项目是将质量与食品安全融入所做的每一件事情。它提供了一系列的指南和工具，帮助所有达能人在任何时候都能听到、感觉到、看到以及传递质量与食品安全文化。在 iCare 项目中，主要通过以下维度来讲质量与食品安全文化落实到达能人具体工作中：

1. 号召全体达能人参与质量与食品安全的讨论和工作中；

2. 开展质量与食品安全相关培训和教育；

3. 紧密连接消费者和客户；

4. 分享与启发质量与食品安全最佳实践；

5. 开展质量与食品安全最佳案例评选及奖励活动。

（三）全员参与

一直以来，公司积极践行全员参与的理念，推广达能特色的 iCare 质量与食品安全文化。管理者和员工各司其职，对质量与食品安全严格负责，并通过大力推广和宣传、数字化质量信息分享平台、质量与食品安全管理体系和监督审核方案等机制确保质量与食品安全得到严格执行。公司还开展形式多样的培训与知识讲座，举办最佳实践比赛，颁发奖励，每两年开展质量与食品安全文化调查和意见收集等，不断增进员工的质量与食品安全意识和能力，巩固提高相关公司文化。

（四）紧密连接消费者

紧密连接消费者也是达能质量与食品安全文化落实中的重要一环。消费者是达能业务的核心。真正的质量与食品安全文化建立在消费者至上的基础上。要做到这一点，就必须认真聆听消费者的意见，并回应他们的反馈，以提供优质的食品体验。随着中国步入老龄化社会，为中老年消费者开发一系列有针对性的营养品成为中国业务单元的重要战略。达能独特的质量文化也体现在以消费者为中心，打造从质量和食品安全各方面更值得消费者青睐和信赖的产品。

以敢迈系列为例，整个新产品开发过程都体现了这样的理念。为了更好地了解消费者的关注重点和痛点，公司进行了多次调研，与潜在消费者当面沟通，深度了解其对于产品功能、口味、包装、使用等不同方面的需求，为配方设计和包装提供了翔实的支撑，最终将产品落地于解决消费者早起肠道需求，午后运动修护，以及晚间有利睡眠 3 个场景的营养产品。经过内外部消费者测试得到了很好的反馈。

食品安全更是达能向消费者交付安全健康产品和服务的基石。目前，中国的普通食品方面，出台的食品安全标准相对较少。基于达能在特殊营养品业务的多年经验，中国业务单元和总部一起根据所研发产品的特性建立了针对中老年产品的达能食品安全标准。基于目前产品的特性，设立动物蛋白类、植物蛋白类、米粉类 3 类不同产品标准，其中污染物的标准也充分考虑当前的热点，涵盖了镉、铅、氯酸盐、高氯酸盐、缩水甘油酯、芳香烃类等多种污染物的监控要求。达能持续更新食品安全标准，推进新产品研发，以确保提供令消费者更加满意、更加安全的产品。

（五）加强全产业链下游承运商的管理和管控

为保证食品安全，全产业链的合作必不可少。达能也通过技术赋能，加强对下游承运商的质量管理，除了对承运商的年度审核、定期给承运商员工做质量培训和教育外，还利用小程序收集到对承运商的服务质量的反馈，通过良性沟通奖罚机制，不断提高承运商的质量和安全管理意识，来确保产品在整个供应链中高质量和安全保证。

二、全体员工共促达能质量与食品安全

达能中国饮料是达能中国旗下核心的业务单元之一，是全体员工积极参与质量与食品安全工作的典型代表。目前在中国有6家自有工厂，1家合资工厂和1家代工厂。一直以来，公司秉持"以质量为傲，为产品加冕，随时随地成为消费者首选"的质量与食品安全愿景，积极践行全员参与的质量与食品安全理念，推广达能特色的iCare质量与食品安全文化。

其一，质量与食品安全提示随处可见，质量与食品安全文化深入人心。公司大力推广和宣传质量与食品安全，建筑物内部、外部、办公室、生产车间，到处都有质量与食品安全愿景的相关宣传，例如，质量与食品安全KPI（关键绩效指标），"以质量与食品安全为傲"，质量与食品安全之星等。

其二，质量与食品安全是领导者的绝对优先事项。管理者对质量与食品安全"说到做到"，管理层定期参与内部质量与食品安全巡检，定期参与内审，定期带头执行质量与食品安全行为观察，和一线员工进行对话。例如，2022年的关键质量与食品安全活动是"夯实基础"，确保基础的标准作业流程（SOP）在一线不折不扣地落实和执行。管理者定期到生产现场，观察员工的操作、抽查现场的录

像、抽查记录等，同时询问员工，标准作业流程是否清晰，是否容易执行，执行是否有困难，并记录员工反馈的问题。质量与食品安全部门每月定期汇总观察和对话的关键信息，做出下一步相应的持续改进计划。

其三，公司鼓励全员积极参与质量与食品安全相关讨论和工作，对质量与食品安全全权负责。员工之间自发讨论质量与食品安全改善，鼓励"我的地盘我做主"的质量与食品安全主人翁意识。通过建立有效的激励机制，鼓励员工提出对违反质量与食品安全的担忧，积极汇报和分享质量与食品安全隐患、质量安全事故，及时消除潜在风险。

其四，公司通过数字化质量信息分享平台，促进质量与食品安全风险及时分享，让其他达能工厂能迅速借鉴和排查，防患于未然。得益于对质量与食品安全风险的及时发现和排查，近年来全公司由于质量与食品安全不符合而产生的质量与食品安全成本，平均年降幅达 40%。

其五，公司推行行业内严格的质量与食品安全管理体系和监督审核方案。所有的审核，包括外部 FSSC 22000 质量与食品安全体系认证审核，达能内部各个工厂质量与食品安全全方位年度审核，关键原材料、一级包材供应商的年度审核，全部执行不通知的审核。连续 3 年，公司所有工厂都达到"达能优秀"水平，名列事业部第一名。

三、持续推动食品安全开放合作

达能高度重视大环境变化对食物系统的影响（如贸易全球化、更加复杂的供应链、技术的进步、社会趋势的变化等），不断深化对新技术和新方法的探索，并适时采用。例如，达能致力于运用全基因组测序技术来解决环境监控中的问题，建立完整的、全面的工厂环境微生物数据库，从而精准地了解生产车间的卫生管理状况和环境的动态变化，以达到实施环境管控的动态化和可追溯的管理目标。除了应用在环境监控领域，达能也将全基因组和宏基因组技术应用在产品质量问题的溯源方面。达能通过宏基因组技术分析原料的微生物菌群分布，了解原料微生物的潜在风险，从源头着手来保证产品的质量和安全；同时也运用该技术分析出现质量问题的产品，通过对产品中的菌株和原料中的菌株的全基因组数据的比对，实现精准的溯源，从而解决产品质量问题。

同时，达能也加强和公共部门、医疗卫生机构与院校、上下游业务合作伙伴、食品行业企业及广大消费者等所有利益攸关方的合作和行动，在风险预测信息交流、食品欺诈的脆弱性评估和控制、食品安全文化、验证过敏原和矿物油等的方法、微生物风险管理和供应商质量保证等方面，联合国内外领先组织长期共建。

2020年，达能还在上海成立了以食品安全质量研究为三大重点之一的达能开放科技中心，希望加快达能在中国的创新速度，助推"健康中国2030"建设，并推动以中国为起点、惠及全球的创新步伐。

达能将持续不懈地推进质量与食品安全文化建设，践行"通过食品，为尽可能多的人带来健康"的企业使命。质量与食品安全在达能，iCare（我关心）！

撰稿：程玉桃（达能亚太）、戴强武（达能中国饮料）

▶ 2.1.2 案例 百胜中国：文化引领，构建食品安全价值链

百胜中国控股有限公司是中国领先的餐饮公司，致力于成为全球创新的餐饮先锋。自1987年第一家餐厅开业以来，截至2022年3月底，百胜中国在中国的足迹遍布所有省、自治区、直辖市（港澳台除外），在1700多座城镇经营着12000多家餐厅。三十余年来百胜中国不改初心，始终致力于为广大顾客提供美味、安全、营养、高品质的食品。百胜中国以保障食品安全为第一要务，将食品安全文化贯穿公司治理和从农田到餐桌的全价值链管理。百胜中国持续探索科技创新，赋能从供应商、物流中心到餐厅和外送的

食品安全管理。利用先进的数字化和智能化科技，打造引领行业的数智化供应链。百胜中国积极响应国家营养健康政策，把推动饮食健康作为企业义不容辞的责任，通过不断的产品创新，为消费者的平衡膳食提供更多产品选择。

一、食品安全承诺

百胜中国三十年如一日地关注着食品安全与质量，这既是企业文化的基石，也是每位员工的首要责任。百胜中国不忘初心，始终如一地坚守企业价值观，致力于打造行业的高标准，坚持做对的事情。上至数百家供应商及其上游养殖和种植基地，下至百胜中国的 32 个物流中心和 12000 多家餐厅，每一个环节的食品安全风险都将对顾客的信任和业务的发展产生重大的影响。为此，百胜中国就食品安全做出以下承诺：食品安全和质量是百胜中国的头等大事，是企业发展的命脉；全力打造先进的食品安全体系，为消费者提供食品安全保障；尽最大努力，主动承担更多的社会责任，在行业发挥引领和标杆作用。为了履行"从农田到餐桌"的食品安全的承诺，百胜中国建立了全方位的食品安全与质量管理体系，从上游供应商、供应商、物流中心到餐厅和外送管理，贯穿全价值链，保障食品安全。在此基础上，百胜中国始终保持开放和共赢的态度，与行业上下游伙伴通力合作，积极促进食品安全和营养健康方面的社会共治，为食品行业健康发展和可持续生态圈的建设做出贡献。

（一）食品安全治理

百胜中国建立了完善的食品安全治理体系，从董事会及其食品安全与可持续发展委员会到各个管理部门，全方位监督和保障食品安全管理制度及标准的建立和有效执行，确保食品的安全性、合规性。运行机制如图 2-1 所示。

百胜中国打造了一支业内领先的供应链管理团队，包括食品安全、品质管理、工程、采购管理、物流管理、供应链系统管理等部门，为全链条食品安全管理提供切实保障。截至 2021 年年底，这个团队已超过 1400 人。职能分工如图 2-2 所示。

董事会及其食品安全与可持续发展委员会	·董事会对监督公司的风险管理框架负有全面的责任 ·董事会食品安全与可持续发展委员会： ▸2017年成立，现由4名董事组成，协助董事会对公司食品安全及可持续发展相关的实践/项目/程序和举措进行监督
百胜中国管理层	·合规与监督委员会： ▸由法务、企业审计、供应链管理、公共事务、信息技术、财务和人力资源等多个部门主管组成 ▸定期召开会议评估风险，监督内部管控，确定策略、方法以提升合规性
供应链团队	·供应链风险评估会议： ▸品质管理、食品安全、采购管理等部门人员参加，必要时会邀请其他相关部门参加 ▸全面评估供应商/物流/餐厅等环节风险管控，制定措施，防患于未然
品质管理团队	·对供应商、物流中心、餐厅进行严格的食品安全审核
各品牌餐厅运营团队	·餐厅经理进行日常运营检查 ·区域经理对所辖餐厅进行巡访检查
Yum! Brands/百胜中国审核团队	·食品安全/质量审核

百胜中国食品安全专家咨询委员会

遴选各个领域的专家分享最佳管理实践，为百胜中国食品安全管理献计献策

图 2-1　百胜中国食品安全运行机制

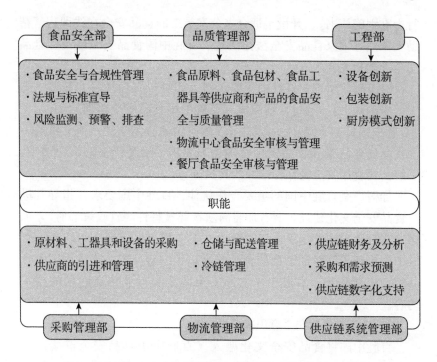

图 2-2 百胜中国供应链管理团队职能分工

（二）食品安全文化建设与能力培训

高度重视食品安全是百胜中国的企业核心价值。对员工和加盟商，百胜中国通过开展食品安全培训、考核、设立奖惩激励机制等措施，提升他们的食品安全意识。对供应商，百胜中国推动供应商建立食品安全文化，将食品安全价值观融入其全体员工的行为，为食品安全管理奠定坚实的基础。2020 年，百胜中国质量管理研修院成立，旨在打造一个全面和系统化的食品安全和质量培训平台，丰富员工、供应商和业界同行的食品安全知识，按需提供技术输出和专业的管理咨询，促进供应商和业界同行的质量管理能力提升，共同守护食品安全。

1. 百胜员工的食品安全培训

百胜中国要求每位新入职的办公室员工必须学习并签署《百胜

行为准则确认书》，开设了适合办公室员工的食品安全在线课程，帮助大家熟悉国家食品安全法律法规、百胜中国食品安全政策和食品安全管理相关要求。

对于餐厅员工，百胜中国要求新入职员工必须学习并签署《员工手册确认书》，通过在线完成《百胜中国食品安全培训》，并学习《百胜中国员工遵纪守法培训片》，熟悉国家食品法律法规、百胜中国食品安全政策和食品安全管理相关要求，接受严格的岗位培训，了解公司食品安全操作标准并认真执行。

加盟商是百胜中国的重要合作伙伴，百胜中国要求并指导其进行食品安全文化建设。所有加盟商须签署《特许经营政策手册》，承诺遵守百胜中国营运手册以及行为、安全和卫生标准。2021年，百胜中国更新了针对加盟商的食品安全培训内容，进一步巩固国家食品安全法律法规、百胜中国食品安全政策和行业热点问题的相关内容。

2. 供应商食品安全意识提升

百胜中国将食品安全文化融入《百胜中国食品安全审核》及《百胜中国供应商手册》，要求供应商建立食品安全文化方案，持续巩固供应链食品安全文化建设，并承诺实施和维护各层级食品安全文化。为进一步向供应商宣贯百胜中国的食品安全和质量管理理念，百胜中国举办供应商质量管理研讨会，解读最新法规标准，分享最佳实践和热点话题，如智能化及自动化质量管理、创新管理和可持续包装等。百胜中国致力于在食品安全、养殖技术、动物福利、加工质量、过程管控及合规性等不同方面，将食品安全和质量管理理念、法规标准解读、最佳实践方法传递给供应商。2021年，百胜中国召开了28次质量管理研讨会，帮助供应商提高综合管理能力，促进生产力高效提升。食品安全文化活动除了对于新员工进行分层次的食品安全培训外，百胜中国在日常举办多种多样、丰富多彩的活动，让全体员工对身边的食品安全文化看得见摸得着，提升参与热情，在潜移默化中加深食品安全意识与理念，从而夯实百胜中国的食品安全文化基础。2021年6月，百胜中国举办了首届食品安全文化节，安排了食品安全知识讲座、午餐学习交流会、食品安全辩论赛、食品安全知识竞赛、"我与食品安全"征文比赛等，吸引众多员工积极参与。公司共计举办了 165 场食品安全宣传贯彻活动。每一位员工在食品安全文化节的积极贡献都展现了百胜人对食品安全文化的坚守，以及对传播分享食品安全知识的热情。

在这次食品安全文化节中，共有 36 位分公司总经理，76 位管理层为食品安全代言，为员工树立榜样；共计 32827 位员工参与 42 场食品安全再培训；在食品安全知识竞赛和辩论赛中，共计 39595 位员工参与到 38 场次活动中，21 个分公司同屏竞答；开展了 36 场次食品安全主题员工大会，8366 人次互动交流经验；食品安全故事征文共征集到 1030 篇文章，120 个视频，用一线员工的食品安全故事感动你我；整个食品安全文化节共发布了 87 个宣传视频、242 篇公众号文章，引导 82116 人次的阅读，可谓影响深远。

二、以交流促发展，以合作践共赢

作为中国餐饮业的领军企业，百胜中国在中国食品科学技术学会、科信食品与健康信息交流中心、中国烹饪协会、中国连锁经营协会以及上海市食品安全工作联合会等多个有影响力的行业组织中担任重要职务。一直以来，百胜中国坚持"以交流促发展，以合作践共赢"的理念，以开放共赢的态度，积极参与食品安全社会共治。

（一）经验分享

百胜中国与监管机构、行业协会和学术界密切合作，致力于推动食品行业发展，携手社会各界提升行业食品安全管理水平。例如，百胜中国积极与协会合作，在行业交流会议中分享百胜中国的成熟管理经验和技术创新知识，促进食品安全的标准制定。2021 年 6 月，百胜中国出席了中国连锁经营行业高质量发展论坛，与同行就企业高质量发展实践及餐饮连锁经营进行深入对话，并展示了百胜中国在食品安全数字化管理方面的成果，如食品安全风险评估和预警管理系统 iFS。

（二）标准制定

百胜中国积极参与行业标准的制定，并联合行业力量对中国政府发布的食品相关法律法规的征求意见稿提供专业意见。2021年，百胜中国参与提供建议的法律法规、国家标准共计11个，覆盖食品安全相关标准、食品检测、冷链物流等；行业、团体标准共计10个，涵盖外卖、营养、运营管理等方面。

（三）科普教育

百胜中国积极参与食品安全和营养健康科普活动。

1. 全国青少年食品安全宣传教育专项活动

全国青少年食品安全宣传教育专项活动围绕青少年的健康成长，开展了有关食品安全与营养健康知识的各类宣传教育活动。自2016年启动以来，已在全国47个城市举办了470余场科普教育活动，超过30万人次直接参与线下活动。百胜中国团队积极支持各类公众教育与宣传活动。例如，带领孩子们参观肯德基餐厅、物流中心和供应商上游基地，帮助孩子们了解食物从源头到加工的全过程，提升他们的食品安全意识，并以寓教于乐的方式帮助他们养成健康的生活习惯。

2. "百胜杯"知识竞赛

近年来，在国家市场监督管理总局的指导下，百胜中国定期组织"百胜杯"知识竞赛。"百胜杯"是针对食品安全与营养健康知识的比赛，包括线上和线下知识竞赛，以增进大学生和公众对营养科学与健康的了解和认识。2021年，"百胜杯"由百胜中国、中国市场监管报、中国食品科学技术学会及"支付宝答答星球"联合举办，旨在进一步提升大学生的食品安全素养，引导大学生养成健康生活方式。仅在2021年的练习赛环节，就有超过460万人次通过大赛平台参与了知识问答，覆盖16个城市的140多所高校。

3. 肯德基餐盘垫纸科普日科普宣传活动

2021年9月，百胜中国与中国食品科学技术学会合作的"全国科普日"系列活动之"食品安全进万家——进餐饮"餐盘垫纸科普宣传活动中，在全国5000多家餐厅共发放1551万份餐盘垫纸。围绕"食品科技护佑舌尖美食"主题，通过生动的图画，精炼的文字，让消费者感知从农田到餐桌的食品科技力量。

三、展望

一路走来，百胜中国始终将食品安全融入企业文化中。百胜中国深刻认识到，食品安全是重大的民生问题，是百胜的首要职责，是对消费者最郑重的承诺，不受任何因素的影响。百胜中国秉持开放和共赢的态度，开展行业交流与沟通，积极促进食品安全和营养健康方面的社会共治和消费者意识提升，携手打造让中国消费者安全的食品生态圈。百胜中国将坚守食品安全的阵地，以不懈的产品创新为顾客提供更营养的食品选择，并携手行业伙伴努力发挥百胜中国作为餐饮业领军者的积极影响。

撰稿：百胜中国控股有限公司

▶2.1.3　案例　呷哺集团：全链路质控体系

作为在国内餐饮业脱颖而出的涮锅连锁品牌呷哺集团，多年来秉承"品质源自坚持"的理念，历经二十余载的发展，已逐渐地从单一品牌成长壮大至多品牌、多业态的综合餐饮集团，门店数量增至千余家，城市布局覆盖全国各省份及直辖市，并逐渐向海外（新加坡、马来西亚等）拓展业务。战略布局定位清晰：立足中国，走向世界，成为民族餐饮的领导者，弘扬中华璀璨的饮食文化。

深怀品质理念，敬畏食品安全，这是呷哺集团餐饮业务发展的基石，也是多年来一直努力做好餐饮事业的初心和未来坚定不移的信念。在艰辛的发展历程中，呷哺集团不断地探索、沉淀、总结先进的管理经验，深耕餐饮火锅与茶饮赛道，发掘新时代背景下的高质量发展之道路，改革创新，与行业对标，博采众长，历经数年的挫折和磨砺，铸就了呷哺集团旗下品牌的成就。目前已形成了一套健全的、成熟的、完整的质控体系，奠定了呷哺集团全链路质量和食品安全管理的基础。

一、优化职能厘清责任，健全监管严控食品安全

民以食为天，食以安为先，食品安全是一道不可逾越的红线，是餐饮企业快速发展壮大的一道安全保障，如果没有健全的食品安全体系和配置专业的管理人员，在企业高速发展的过程中随时都有食品安全坍塌的风险，轻者丧失品牌的声誉和社会责任，重则面临政府监管部门的高额处罚和终身禁限。呷哺集团视食品安全为企业的生命，历经多年形成了一套严格的监管体系，从自有工厂、仓储配送、餐饮门店等全供应链建立了质量和食品安全管理体系，对各个环节的监控制定了以法规为准绳的内部稽核标准，以飞行检查与定期巡检两种管理方式相结合，对各业务职能部门的食品加工、储运操作进行严格的监管和指导，发现问题立即整改跟踪，落实 PDCA［Plan（计划）、Do（执行）、Check（检查）和 Act（处理）］循环管理，将食品安全的风险消除在萌芽状态，确保各环节的业务在设定的食品安全轨道中运作，不允许任何员工随意地践踏、逾越。

品管部作为食品安全管理的保障部门，设置有总部品管和各事业部品管。总部品管部主要负责对食品安全相关的国家法律法规及标准的解读、对标和落地执行，供应商监管主要对食材和非食材供应商进行飞行检查和定期巡检以及供货过程的监管，原料验收主要是对入仓的食材和非食材到货的质量状况抽查检验，对发货产品实施抽查确认，并监督仓储物流环节的质量管理，定期进行自查并持续改进。各事业部（自有工厂、品牌餐厅）配置了专业的品管团队，主要职能在于配合事业部业务运作过程中涉及质量和食品安全的全程监管，严格按照内部稽核管理制度自查自纠，确保各环节严格履行国家法律法规及标准的要求，守法经营。

职能部门监管责任明确，目标清晰，责任到岗。呷哺集团质量和食品安全监管形成了自上而下的模式，全方位、多角度地监控食

品安全管理，在对业务运作部门实施专业指导的基础上，又有着严格的内部稽核管理的制约，并与主要岗位的关键管理人员签订《食品安全主体责任书》，真正地将全员参与食品安全管理的理念根植于企业的文化，让每一个员工敬畏食品安全，使每一个员工都成为食品安全管理员！

二、全链路质控体系

（一）开发新品以顾客为导向，产品设计以法为准

餐饮火锅赛道中火锅底料和菜品是品牌的灵魂，也是最能直观体现品牌价值和定位的核心因素，深入了解新时代背景下消费群体的饮食文化，为了赢得产品和市场竞争优势，不断地开发和布局新品、进行菜品的升级更替就至关重要。呷哺集团拥有经验丰富的菜品研发团队，致力于市场需求的调研、销售数据的统计和分析，通过理论数据和实际市场调研结论的结合，不断开发新品。

新品开发立项审批后，研发部主导完成新品的《产品规格书》标准制定，从新品使用原辅料、配方配比及工艺制程、感官及理化指标监测、贮存运输要求等诸多方面依据国家标准商讨制定，食品安全指标严于国家标准的要求。新品内控标准经与意向生产商讨论达成一致后签订采购协议，试产的新品要经过研发部专业人员的口味测试，并提报呷哺集团口味评鉴委员会测试通过后方可进行批量性的生产供货。

（二）强化品质源头监管，风险供方拒绝准入

依据新品《产品规格书》的内控标准要求，由采购部负责供应商的开发和初步评估，评估标准的核心在于供应商经营状况、资质证照、供货能力、质量和食品安全控制体系、销售客户、信用体系等，以整体了解供应商的综合能力，优先选择食品类别领域一流的供应商合作。

采购部初步评估和筛选合格后，提供预计开发供应商的名录和资料至品管部。由品管部依据呷哺集团《供应商准入管理制度》的要求，深入供应商生产加工的现场实施评鉴审核。审核标准以国家

食品相关的法律法规、食品安全国家标准、食品生产许可审查细则、质量和食品安全管理体系为基准，以食品安全风险评估为原则和方法，经品管部专业技术人员对供应商现场管理、文件体系等环节仔细审查，综合评鉴结论不合格的予以淘汰，不得与呷哺集团洽谈食品采购业务。综合评鉴结论合格的供应商，则要求对评鉴过程中发现的不符合项实施全部整改，经验证评估合格后签订食品采购协议，在后续的供货过程中进行技术辅导，发现质量问题深入供应商现场调查、改进，持续提升质量控制水平，并视供应商供货质量状况实施飞行检查和定期的巡检。

（三）自有工厂规范管理，体系建设树立标杆

为了确保肉源的渠道和品质，呷哺集团旗下火锅品牌在创立之初，就坚持使用优质、正宗的锡林郭勒盟草原羔羊肉，拒绝使用育肥羊、圈舍羊，严控瘦肉精的监测。百倍的努力只为了将一份安全的羊肉奉献给信赖呷哺品牌的消费者，这是呷哺对消费者的食品安全承诺。

忠于火锅的情结，履行食品安全的责任担当，呷哺集团筹建了锡林郭勒盟伊顺羊肉屠宰工厂，把肉源品质的监管前移到了养殖环节，从羊肉的品种选择，养殖户饲养过程的监管，羊只收购检验、宰杀、肉品加工、包装储运等全链条实施了监管，活羊尿液、羊肉加工品全环节监测瘦肉精以及肉品的禁用兽药残留量，确保送到消费者餐桌上的羊肉产品上乘，食品安全监测指标合格。

与呷哺草原羔羊肉媲美的还有呷哺秘制的火锅底料和调料，呷哺集团总部基地拥有两个中央厨房工厂，生产具有呷哺火锅品牌独特风味的火锅底料和呷哺调料蘸料，这是呷哺集团多年以来精心研制的秘制酱料，在配方受控的状态下规模化生产，产品直供呷哺品牌旗下的火锅直营门店。具有独特风味的呷哺调料以原汁原味的花生浓浆为主料调配，冷加工工艺制程生产，全密闭管道料液输送及灌装密封，短保质期全程冷链控制，更加突出呷哺秘制调料的味道纯正鲜美，独具一格。

（四）产品溯源全程追踪，冷链监管体系健全

连锁餐饮品牌的优势在于供应链，供应链的规模和能力是餐饮企业拓展业务发展的硬实力，优秀的供应链系统能为企业带来丰厚的利润并节约成本。经历多年的磨砺和不断的优化升级，呷哺集团拥有庞大的供应链体系，采购、仓储、物流协同运作，业务监管一体化，储运作业设计动线流畅，追溯体系智能化，实现了线上与线下的完美结合。

呷哺集团设有北京总仓及全国二十余家分仓，辐射全国各省份及直辖市所在餐饮门店，标准化的仓储厂房、一流的运输承运商及冷链专车直接配送，所有配送车辆均安装 GPS 全程定位系统，实时跟踪货品的运输状况及上传冷链温度监测数据，每一件货品都在全程的监控下实现溯源，按照指定的配送时间到达销售终端的餐饮门店。供应链配置专业化的仓储物流管理及品质验收监管人员，把食材品质监管的重点布控在"收货"与"发货"环节，有力地保障了食材品质的安全输送。

自新冠疫情暴发以来，进口冷链食品面临着严峻的传播风险，呷哺集团严格管控进口冷链食品的采购及周转运输环节，执行进口冷链食品的疫情防控政策，按照属地政府监管部门的要求进入集中监管仓，实施货品的严格消杀和核酸检测、赋码，做到了来源可溯、去向可查，在贮存、运输、销售各环节严格执行专区存放、专车运输、专柜存放。为了更好地配合疫情防控政策，呷哺集团在统一安排及部署下，逐渐地减少进口冷链食品的采购量，以国内冷链食品替换升级，减少疫情传播风险，勇于承担社会责任，加强餐饮门店的环境消杀，为顾客提供舒适、安全的用餐环境。

（五）用餐环境舒适整洁，品质卓越源自坚持

呷哺集团旗下的各品牌餐饮门店的装修风格独特，引入品牌定位的设计元素，追求饮食文化与用餐环境的完美结合，使消费者在优美的环境中享受一顿美食带来的心情愉悦，这就是呷哺品牌拥有众多消费粉丝的真实原因，既要让消费者吃到新鲜、安全的美食，又要让消费者在舒适的用餐环境中享受惬意的生活。

呷哺品牌餐饮门店的选址和设计拥有专业化的管理团队，严格按照餐饮服务相关的法律法规和标准设计建造，在前期的门店设计和装修环节，集团旗下的各职能部门专业技术人员都要参与现场勘察及设计图纸的审批，工程实施过程更需要各职能部门的全程跟踪和监督，及时发现设计和施工过程中存在的缺陷问题，责令施工方整改，以免为后续门店营业带来食品安全管理方面硬件风险。

正是因为这种工匠精神，呷哺集团旗下餐饮门店设计合理，操作区域动线流畅，洗碗区、清洗区、热厨区、菜品区、肉品区、凉菜间、茶铺区等区域划分明确，极大程度上减少了操作过程中可能潜在的交叉污染。所有火锅底料、菜品、肉品等的制作有严格的标准作业流程文件，上墙管理现场张贴，方便操作员工及时查阅，每一道菜品都经过员工的精心制作和感官检验，贴心的服务使消费者真切地感受到了宾至如归的感觉和温暖。

三、结语

呷哺集团全链路质控体系历经多年的经验总结而形成，一路走来不断地探索食品安全管理的精髓所在，取其精华，去其糟粕，才能铸就如今的辉煌，健全的全链路监管体系将助力业务的快速发展。

面对不确定的外部环境，呷哺集团的扩张步伐和发展的战略并未受到影响。相反，越是面对外部不断变化的环境，内部越是需要修炼内功。基于集团的长远发展和规划，呷哺集团依然将在现有的管理体系之下，做更多的数字化尝试。利用科技的手段，更好地将食品安全管理融入整个管理环节，在严格落实国家法规和标准的原则上，强化与政府监管机构、行业协会、餐饮同行的交流和研讨，携手同行，提升食品安全质量管理水平，推动行业的高质量发展。

撰稿：呷哺呷哺餐饮管理有限公司

▶ 2.1.4 案例 食品伙伴网：开辟食品合规管理体系建设之路

对于食品生产经营企业而言，持续符合法律法规和标准规定的要求是企业能够持续生产经营所应遵守的基本底线。食品合规管理是包括策划、实施、检查和改进的闭环过程，其目的是确保食品的生产过程及结果符合法律法规、标准、行业准则、合同及自我承诺等要求，预防和控制食品合规风险。食品伙伴网秉持"关注食品安全，探讨食品技术，汇聚行业英才，推动行业发展"的建设宗旨，基于食品行业法规和标准研究方面二十多年的深耕细作，提出了能够协助食品企业科学开展合规管理工作的食品合规管理体系，并通过制定标准、体系试点提出和推进食品合规管理体系，通过协助食品行业进行人才培养以及借助互联网和大数据的工具积累支持推动食品合规管理体系的落地实施。食品合规管理体系建设之路的开辟和探索旨在助力食品企业提升食品合规管理水平。

一、基于法规服务的合规管理创新

从三聚氰胺、工业酒精、苏丹红等非法添加的食品安全事件，到篡改保质期、使用过期原料、土坑酸菜等过程违规的食品安全事件，再到糖水燕窝、以固体饮料冒充特医乳粉等虚假宣传的食品安全事件，其持续发生表明，食品安全已经不是传统管理方法及质量管理体系所能解决的问题，而是迫切需要一种管理方法来促使食品生产企业切实履行保障食品安全的法律义务。后者的解决之道直指食品安全管理的基本要求"合规"。作为食品安全的第一责任人，食品生产经营企业理应全力保证所生产食品的安全性，而食品合规是保证食品安全的首要任务。

立足于对食品法规与标准的多年研究，借助长期积累的食品安全和质量提升的管理经验和服务能力，食品伙伴网的合规管理服务探索涉及体系建设、文化塑造、系统工具、技能人才培养等多个领域。在《合规管理体系 要求及使用指南》（GB/T 35770）标准的基础上，开发了食品行业的"食品合规管理体系"，先后通过《食品合规管理职业技能等级标准》和《食品合规管理体系 要求和实施指南》标准的发布实施，开辟食品行业合规管理体系的建设之路。

（一）食品合规管理体系

企业落实食品合规的系统化及规范化管理，有助于科学有效防范和化解食品合规风险，提高食品生产经营企业管理水平，增强市场竞争力和应对能力。然而，食品行业存在监管要求多、标准体系庞杂、具体要求交叉等问题。而且，食品企业在合规义务识别和落地方面存在诸多问题：一是识别不全面、信息更新不及时；二是在合规要求执行层面执行不系统、落实不到位；三是员工培养知识不系统、培训效果不佳等。食品企业迫切需要一套系统的管理方法来解决现实问题。食品合规管理体系应运而生。

食品合规管理体系立足长远，又着眼细处，从与企业相关的每一项标准或法规的规定出发，帮助企业进行合规义务识别、合规风险评估、合规风险控制措施的制定等；食品合规管理体系的实施遵循诚信、独立性、全员参与、完整性、透明化、持续改进六项基本原则，采用基于风险的思维及过程方法的管理模式对企业偏离合规的各种因素进行预防式控制；食品合规管理体系是个持续改进、不断完善的动态闭环系统，是一系列活动的有机组合，是一套系统化的管理体系。因此，食品合规管理体系是预防式的管理体系，兼具科学性、系统性、实用性和前瞻性的特点。食品合规管理体系是企业践行其他质量安全水平的管理体系的基础，食品生产经营企业只有在合法合规经营的前提下其他管理体系才能有效运行。同时，食品合规管理体系和其他管理体系又可以兼容互补，方便后期与其他管理体系的融合。

1. 食品合规管理体系准则的建立

参考《合规管理体系 要求》（GB/T 35770）和《合规管理体系 要求及使用指南》（ISO 37301），食品伙伴网于 2021 年 7 月起草并公布了食品合规管理体系企业标准《食品合规管理体系要求及实施指南》（Q/FMT 0002S）。标准包括范围、术语、食品合规管理总要求、合规治理小组职责权限、食品合规管理内容、合规文化支持、合规管理制度、监视测量分析与评价、内审、管理评审、合规演练及改进等方面内容，阐述了食品合规管理体系的诚信原则、全员参与原则、独立性原则及系统性原则，明确并规范了食品合规管理体系建立及运行的基本要求。该标准为广大食品企业建立食品合规管理体系奠定体系框架基础。尤其是在科学性、系统性方面，标准可为食品企业预防式的食品合规管理体系建设提供帮助。

2. 食品合规管理体系准则的内容

食品合规管理体系核心内容包括资质合规、生产过程合规和产品合规。通过对食品生产经营企业的资质合规义务、食品生产过程合规义务、产品配料及质量安全指标和标签标识与广告的合规义务进行识别和风险分析，落实相应的控制措施和合规管理体系要求，确保食品合规。食品生产经营企业应根据识别出来的合规义务，针对合规风险发生的可能性和严重性进行识别与评价，必要时实施合规风险分级，依据不同的合规风险等级，策划制定对应的预防控制措施，落实具体的控制因素、控制频率、控制人员、控制手段及方法、监视与测量要求、纠偏措施及记录等预防式的控制要求，从而落实并完善控制措施，防止其偏离或产生合规风险。

3. 食品合规管理体系的建设流程

食品合规管理体系的框架和其他先进的管理体系高阶架构相融合，通过 PDCA 循环的管理模式实现食品合规管理体系持续改进并不断提升的目的。食品生产经营企业首先对食品合规管理组织架构和合规管理文化进行策划，明确管理层及员工职责和权限，建立食品合规管理方针和目标等体系框架。再通过科学有效的风险分析，完善食品合规义务识别、风险评估并制定风险控制措施，实现控制措施的落地。通过有效的监控评价手段，如食品合规演练、内部审核、管理评审等发现偏离合规的风险，制定有效的纠正预防措施，以达到持续改进的目的，以食品合规管理体系为依托，最终实现食品生产经营企业资质合规、过程合规和产品合规。

（二）食品行业合规管理人才培养

通过整合食品安全监管体系、食品生产经营合规管理知识与方法、食品质量管理等资源，食品伙伴网逐渐形成了"食品合规管理知识库"，内容涉及专业的食品合规管理职业技能教材（高、中、初级）、食品合规管理系列课程、食品合规管理考试题库等。2020年年底，食品伙伴网旗下的烟台富美特信息科技股份有限公司通过教育部遴选，成为第四批1+X证书培训评价组织，"食品合规管理职业技能等级证书"入选教育部1+X职业技能等级证书。截至2022年6月，全国已有一百多所院校参与1+X食品合规管理证书试点工作，近万名食品学子通过了食品合规管理职业技能的学习和考核。食品企业在岗员工也通过各类社会化培训、企业内训等形式系统地接受了食品合规管理相关培训和考核。随着合规管理职业技能的标准化、证书化，培训系统化、考核规范化，越来越多的食品院校学子和食品企业员工系统扎实地掌握了食品合规管理职业技能，为合规管理的有效推行建立了良好人才保障。

（三）食品合规文化建设

食品合规管理体系注重引导企业进行合规文化的建设。文化是一种凝聚力的体现，通过相互尊重、相互理解的文化氛围，团结并统一全员的价值观。良好的企业文化可以让企业全员满足自我控制和自我价值实现的需求。"食品合规文化"属于食品企业文化的重要组成部分，让合规意识深入食品企业的所有成员的日常工作中，有利于企业达成合规管理的方针和目标。食品合规文化是长时间磨合形成的共同价值观的体现，是具有共同价值观和共同文化信仰的一群人共同努力的结果，所以在食品合规管理工作中，以合规文化进行意识形态的引导，让企业员工践行合规义务，不失为一种先进的管理方法。食品企业通过建设食品合规文化，并通过合规文化的熏陶引导使食品行业从业人员履行食品合规义务，可以杜绝人为故意违规的食品安全事件，保障食品合规与食品安全。

食品合规文化的主体内容包括食品合规管理的愿景、使命和价值观。食品合规文化的建设以制度建设作为保障，用制度规范助推食品合规文化，强化企业全体员工合规意识、塑造合规共识、确保食品生产经营活动合规运行。食品合规文化建设包括合规文化内容的确立、宣传贯彻、展示宣传以及在生产经营活动中的落地实施。在确立合规文化内容的基础上，通过打造内部学习平台进行合规文化宣传贯彻和合规知识培训，通过内部宣传标语、科普视频、手机互动小游戏等方式进行合规文化的展示宣传，通过组织合规风险演练、应急演练等活动让合规意识和生产经营活动进行结合，实现合规文化的落地。

二、基于系统的合规智慧化管控

食品合规管理体系的建设与实施不仅可以以体系为依托，也可以借助各种实用工具来进行科学、系统、有效的管理。目前涉及食品企业合规义务管控智慧云平台、合规风险分析评价系统、合规风险管控计划等。

（一）基于大数据的合规管理智慧平台

食品合规管理智慧平台基于食品安全大数据和食品合规管理体系的底层逻辑建设，包括食品安全大数据查询、食品企业合规义务管控、食品合规判定系统工具等。

食品安全大数据查询包括监管部门发布的食品标准法规以及企业的生产经营资质许可、生产经营过程控制、产品抽检监测结果等食品安全监管大数据、食品安全事件数据和食品安全判决案例数据等食品安全舆情大数据，以及食品中常见危害的基本性质与预防控制原理等食品安全基础大数据的查询。可以实现按照数据字段的模糊查询、限定各种数据属性的高级查询，以及数据的统计分析，有助于企业识别外部风险。

食品合规义务管控智慧云平台以食品企业生产经营需要遵守的所有现行有效的法律法规、食品标准、行为规范等文件为依据，按照食品生产经营企业合规管理的各个方面，分门别类进行合规义务的识别和整理，对数据进行分类和属性管理，形成格式化的义务清单，针对不同品类、不同生产经营环节进行合规义务文件的管理并可实现动态管理，及时依据标准法规变动进行更新修订，确保合规义务被及时有效监控和识别。

食品合规判定系统工具包括食品配方合规判定系统、食品标签评审系统、食品产品指标与检测报告管理系统等。这些合规判定系统工具依据各项合规判定的逻辑要求进行建设，利用互联网工具实现合规判定操作及合规审核的流程管理，可以降低出错率，提高工作效率。

（二）食品合规风险分析评价系统

食品合规风险分析评价矩阵是一种食品合规风险分析评价的数学方法。针对合规义务识别管控大数据系统中的风险评价，借助合规风险分析与评价矩阵，通过矩阵评分来达到科学有效分级，方便后期有针对性地管控核心风险和关键风险。这种方法以矩阵图的形式，通过合规风险的影响程度（后果严重程度）和合规风险发生的可能性两个维度分别进行评价（如图2-3）。其中，对合规风险的影响程度分别评分为1~5分，其中5分是合规风险的影响程度最大的，依次递减；对于发生的可能性分别评分为1~5分，其中5分表示极容易发生，依次递减。针对影响程度和发生风险的可能性这两个维度的得分，作为合规风险的综合评分，并对评价的结果实施核心风险、关键风险、普通风险和一般风险分级管理，然后有针对性地制定不同的预防控制措施。

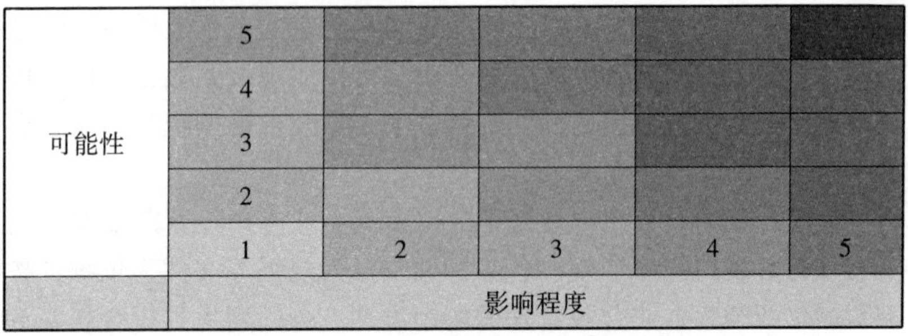

图2-3　食品合规风险分析评价矩阵

（三）食品合规风险管控计划

食品企业需要对识别出的食品合规风险制定并实施有效的预防控制措施。食品合规风险管控计划要针对不同的合规风险等级和原因，制定包括控制对象、控制方法、控制频率、控制人员及纠偏措施和记录在内的风险控制计划表。常见的风险控制计划表的形式及其编制要求如表2-1所示。

表2-1　常见的食品合规风险管控计划表

控制要素	核心合规风险点	关键合规风险点	普通合规风险点	一般合规风险点
合规风险产生原因	分析合规风险产生的原因，识别并明确直接原因、主要原因及次要原因			
控制对象	以直接原因、主要原因和次要原因为主要控制对象			
控制方法	监视	监视、测量、例行检查等手段		
监控频率	连续监控		连续监控或抽检	抽检或评估分析
控制人员	合规组长监控，法人代表或负责人审核批准；当合规组长与公司注册的负责人或法人代表是同一人时，则由公司的第二负责人进行监控，合规组长进行审核批准	合规小组人员或部门主管级人员亲自负责，合规组长审核批准	合规小组人员或区域负责人负责	专人负责
纠偏措施	按治理小组制定的纠偏措施执行			
记录	形成完整的记录			

三、食品合规管理未来展望

食品合规管理体系是一套预防式的管理体系，企业借助合规管理体系的理论和方法可以系统地识别出合规义务及风险，对合规义务进行风险评估，并针对评估后合规风险制定预防控制措施，从而建立起预防式管理体系，并有效实施预防式管理，防控食品合规风险。

当前，食品合规管理体系率先在乳制品、调味品、保健食品、食品添加剂、饮料等食品行业细分领域进行了试运行实践。随着食品安全法律法规体系的不断健全，越来越多的法律法规及标准得到食品生产经营企业重视。食品合规管理体系将"食品安全"的结果向前延伸，明确食品生产经营企业应该做什么，应该怎么做，需要配备什么样的资源（包括硬件设施设备等资源及人力资源等），通过先进的预防式管理方法进行具体化、明细化、制度化、记录化，并通过一系列过程的合规管理，保证食品的安全，从而帮助企业提升市场竞争力。希望在不久的将来，可以借鉴试运行企业合规管理体系的良好实践经验积累，进而转化应用，最终达到在每一个食品细分领域系统识别、落地管控每一个合规风险的目的，打造坚实的合规屏障。

二十多年来，食品伙伴网以食品合规管理专业知识为基础，食品合规管理经验不断积累和提升，完成了食品专业在校学生培养、食品行业在职员工培训、食品企业合规管理体系认证的梳理和食品合规管理的应用，将食品合规管理连点成线，聚线成面，从而为食品行业的合规体系发展奠定了系统性、科学性的理论基础，并进行全方位的实际应用。未来，随着合规管理理念的深入，期待在食品行业内逐渐形成食品合规管理的共识，通过食品合规管理体系的良好实践，带动并推进食品全行业履行合规义务，以食品合规管理体系为依托，共同推动食品行业健康、合规向前发展。

撰稿：刘涛、张佳兵、王文平（食品伙伴网）

▶ 2.1.5 案例 国家市场监督管理总局：发布多项食品安全合规指南

在中国法学会食品安全法治研究中心联合中国人民大学食品安

全治理协同创新中心、美团食品安全办公室共同评选、联合发布的2020年度食品安全法治十大事件中，国家市场监督管理总局发布多项食品安全合规指南位列其一。《食品安全法》等法律法规对食品生产经营者提出了多项应遵循的法律义务。2020年以来，国家市场监督管理总局先后印发《餐饮服务食品安全监督检查操作指南》《食品销售者食品安全主体责任指南（试行）》，对餐饮服务环节、食品销售环节中相关主体应遵循的法律法规进行了列举和细化解释。上海、山东、湖北和黑龙江等省市先后发布涉及特殊食品销售等领域的合规指南。这些指南的发布，为帮助市场监管执法人员、食品生产经营者更好理解、遵循《食品安全法》等法律法规的要求，做好合规建设和食品安全风险控制，起到了积极作用。

一、事件回顾

2020年9月17日，为了督促食品销售者严格落实食品安全主体责任，国家市场监督管理总局办公厅印发了《食品销售者食品安全主体责任指南（试行）》（市监食经〔2020〕99号），将食品安全主体责任划分为"重点责任""食品销售者基本责任""其他主体责任"三大部分，共梳理出47项责任，涉及105个要求、195条内容。社会关注到这份近1.7万字的指南多在1个月后，2020年10月10日国家市场监督管理总局官网上发布的指南是"为贯彻落实《中共中央 国务院关于深化改革加强食品安全工作的意见》，督促食品销售者严格落实食品安全主体责任，依据《食品安全法》及其实施条例、相关标准以及规章制度的要求"而制定，4天后发布的指南官方解读更进一步称，是为了督促企业"合法合规开展经营活动"。

在"合规"日渐成为从企业到社会高度关注的话题背景下，2020年1月3日国家市场监督管理总局发布《餐饮服务食品安全监督检查操作指南》（成文时间为2019年11月22日，市监食经〔2019〕65号，以下简称"65号文"），浙江省市场监督管理局发布地方标准《网络订餐配送操作规范》，上海市市场监督管理局联合市消保委发布《关于倡导本市餐饮外卖规范使用食品安全封签的指南》，从国家市场监督管理总局到地方市场监督管理局，在餐饮服务环节、食品销售环节发布了多项指南类文件，因而入选"2020年度食品安全法治十大事件"，其潜藏的社会期待本身就值得认真回应。

二、指南定位

从发布的角度说，《餐饮服务食品安全监督检查操作指南》和《食品销售者食品安全主体责任指南（试行）》这两个指南都是国家市场监督管理总局规范性文件。在法律法规体系中，规范性文件层级较低，并不具有国家强制力，只能起到督促餐饮服务提供者、食品销售者落实食品安全主体责任的作用。在强调"四个最严"的监管中，这两个指南更具有行政指导的柔性管理的特质，强调了以非强制手段规范监管以及督促生产经营者承担起食品安全第一责任人的管理目的。

行政指导起源于日本，比较主流的解释是莫于川教授的观点，即指行政机关在其职责范围内为实现一定行政目的而采取的符合法律精神、原则、规则或政策的不具有国家强制力的行为。就上述两个指南而言，无论指导的是监管部门还是行政相对人，最后都落脚到具体的不同环节、不同场景的经营管理行为，属于抽象和具体兼备的行政指导。

20世纪末21世纪初，随着食品生产技术的不断发展，以及食品供应链全球化等，世界性的食品安全监管面临重大挑战，各国食品安全监管先后进行了重大改革，主要是强调了以科学为基础的风险管理和预防管理。经历了三鹿奶粉等食品安全事件，我国食品安全治理体系加快改革，借鉴世界各国的通行做法，在强调风险治理改革中，食品安全监管从单一监管模式走向多元治理模式，从只强调严字当头重典治乱，到强调标本兼治共治共享。

上述两个指南我们还可以在美国《食品安全现代化法案》（FSMA）官方解读中找到参照。美国食品药品监督管理局解读FSMA时，明确美国食品药品监督管理是由一整套法律和常规问题的规定和指导文件所规范的。被视为美国食品药品监督管理局制定政策主要方式的"非正式指导性文件"，由美国食品药品监督管理局以指导文件、非正式意见、操作手册、解释信或媒体新闻等方式对外公布。当然，美国食品药品监督管理局遵循其"良好指导规范"（GGP）规定的程序来发布美国食品药品监督管理局指导。美国食品药品监督管理局指导描述了该机构目前对某监管问题的考虑，但在法律上对公众或美国食品药品监督管理局没有约束力。非正式指导文件已经被证明是一种较为灵活的工具，它使得美国食品药品监督管理局能够适应不断变化的情况。

2020年年初发生的新冠疫情是国家市场监督管理总局发布多项食品安全合规指南的重要背景。针对疫情防控期间食品安全监管的新情况、新问题、新要求，国家市场监督管理总局于2月10日印发《关于疫情防控期间进一步加强食品安全监管工作的通知》（市监食经〔2020〕11号），部署各地市场监管部门进一步加强重点场所、重点环节食品安全监督管理，把监管工作做实、做细、做到位。同时对食品经营者依法履行食品安全主体责任提出了更高要求。例如，保持良好的环境卫生条件，严格执行《餐饮服务食品安全操作规范》，严控加工制作过程食品安全风险，平台对送餐人员严格开展岗前健康检查，等等。随着疫情防控转入常态化，人员聚集、流动性大的食品销售、餐饮服务行业面临更强监管的同时，需要监管机构提供更多、更具体、更明确的行为指南。

三、合规带来的监管新意

（一）最大的监管新意是食品安全治理的理念

加强食品安全治理，核心在落实责任，根本在落实企业主体责任。自2019年起，国家市场监督管理总局连续三年部署开展"落实企业主体责任年"行动，将督促落实企业主体责任作为食品安全监管的重要抓手。

在国家市场监督管理总局组织编写的《市场监督系统干部学习培训系列教材》中的《食品安全监管》分册中，对食品销售环节中的监管，描述为日常监督检查、风险分级动态管理和强化食品安全主体责任落实三部分。书中明确："在日常监督检查中，应当首先检查食品销售者及开办方的食品安全自查（检查）情况。"主要检查内容包括食品安全自查（检查）制度的建立情况以及自查（检查）开展情况，重点检查是否按照制度定期开展食品安全自查（检查），对自查（检查）发现的问题，是否逐项分析原因并进行整改，是否记录自查（检查）的相关情况、发现的问题及整改情况等方面。这凸显了政府监管在坚持"产"出来和"管"出来两手抓，监管目标调整为督促企业落实主体责任，让企业成为食品安全的第一责任人，坚持让市场在资源配置中起决定性作用。政府监管所作的理顺政府与市场关系的努力，反映出理性回归食品安全"产"出来的本质。

《食品销售者食品安全主体责任指南（试行）》（市监食经〔2020〕99号，以下简称99号文）是对近年来食品安全的政策法律中体现的食品安全治理理念的具体诠释。为鼓励食品销售者采用先进的管理规范和技术，不断提高经营管理的能力和水平，国家市场监督管理总局于2023年8月7日发布《食品销售者食品安全主体责任指南（修订征求意见稿）》，进一步细化、深化、具体化主体责任，强化可操作性和可落地性。《中共中央　国务院关于深化改革加强食品安全工作的意见》中明确"生产经营者是食品安全第一责任人"。《食品安全法》规定，食品生产经营者对其生产经营食品的安全负责。《中华人民共和国食品安全法实施条例》（以下简称《食品安全法实施条例》）进一步细化，强调食品生产经营企业建立并落实本企业的食品安全责任制，所指的是加强供货者管理、进货查验和出厂检验、生产经营过程控制、食品安全自查等工作（第十九条）。

从监管角度看，我国仍处于食品安全风险易发、多发期，在食品生产经营环节，基于利益驱动的主观故意造成的食品违法犯罪问题仍较严重，还有新原料、新工艺、新业态带来的更加不确定的新风险等，国家有关政策法律文件对食品安全治理责任主体的明确，可在源头上向责任主体传导"四个最严"的监管要求和落实食品安全的法定义务，为消除食品安全重要风险源指明了方向和路径。

实践中，99号文和《食品销售安全监督检查指南（试行）》（市监食经〔2019〕70号，以下简称70号文）一起重构了食品安全食品销售环节的监管新模式。于 2019 年 12 月 24 日印发的 70 号文，用 54 页表格，对从农田到餐桌食品销售全链条（包括线上线下的 13 类销售主体），梳理了对食品经营许可条件持续、食品安全管理制度建立及落实、人员管理、现场制售过程控制、召回销毁过程控制、利用自动售货设备从事食品销售等 14 类检查项目，细化了 51 项食品销售监督检查内容、126 个要点及 217 个监管中常见问题及易被忽视的问题，70 号文指导地方在严格监管时规范执法行为，要求监管部门率先做到"监管合规"。这是食品安全最严监管的必然要求，也是监管推动合规的前提条件。

（二）最值得关注的是监管能力的提升

在餐饮服务环节，理解 65 号文和 2020 年国庆节前发布的《餐饮质量安全提升行动方案》（市监食经〔2020〕97 号，以下简称 97 号文）是一条"捷径"，因为 97 号文"总结推广前一阶段餐饮质量安全提升工作实践，固化有效工作机制"，可以看到自 2011 年以来的餐饮服务食品安全从监管到治理的探索路径。文件突出强调了全面落实餐饮服务提供者、网络餐饮服务第三方平台的主体责任，在 4 项主要措施中，加大规范指导和监督检查力度仅为其中一项，展现了不断提升的监管能力。

一是风险管理的经验更为丰富。2011 年 8 月 22 日，国家食品药品监督管理总局曾出台《餐饮服务食品安全操作规范》。2018 年 10 月 1 日施行的新版《餐饮服务食品安全操作规范》，是对 2011 版的大幅修订。2018 版规范以落实食品安全主体责任为主线，包括 16 章、87 条、218 款和 13 个附录，长达 2.6 万字，鲜明体现了 2015 年修订的《食品安全法》明确的"食品安全风险管理"原则，就具体经营业态、具体加工环节、具体操作行为、具体食品品种类别存在的食品安全风险进行科学分析和研判，提出餐饮服务食品安全管理的具体措施要求。2020 年 6 月 17 日，国家市场监督管理总局发布配套的《餐饮服务食品安全操作规范宣传册》，长达 124 页的宣传册用漫画图解的方式对餐饮服务食品安全操作规范进行普及。

二是监管规范化和精细化程度提升。落实"四个最严"监管时，不同地方的监管者则可参考 2020 年初发布的 65 号文，长达 2 万余字的指南列举了从食品经营许可及信息公示到网络餐饮服务等 9 个项目，涉及 49 项内容，提出 97 项参考检查方法，对餐饮服务提供者履行主体责任的情形进行说明。指南充分体现了风险分类管理思路，根据餐饮服务提供者经营业态、经营方式、规模大小及出现问题类型等因素，对餐饮服务提供者科学分类，制定了针对中大型社会餐饮服务提供者、学校食堂、中央厨房和集体用餐配送单位的分类检查参考要点表，直接将监管聚焦到风险，将监管经验规范化和标准化。2020 年年初，浙江省市场监督管理局发布浙江省地方标准《网络订餐配送操作规范》（DB33/T 2251—2020），从配送箱（包）、配送人员、配送流程与要求、日常管理等方面对网络订餐配送环节食品安全相关操作进行了明确规定。

三是多元治理有重大进展。在强化社会共治中，与百姓民生最密切的餐饮服务充分体现了食品安全多元治理创新。97 号文中提到的"随机查餐厅"的治理创新运用广泛。进入 5G 时代，不少基层食品安全监管部门运用短视频，持续深化"你我同查"活动，把社会各界的"关注力"转化为参与多元治理的"监督力"。在广东江门，查食安网络直播执法活动从 2019 年 4 月开始，到 2020 年 4 月 12 日，"一监到底"网络直播已经开展了 40 期，透过直播镜头，市民可以跟着食品安全执法人员深入学校食堂、餐厅、农家乐的后厨，走进城乡各大农贸集市，走进食品生产车间，了解食品生产经营主体的食品安全管理是否规范、食物是否安全、令人放心。到 2020 年年底，直播频率从每月一次提高到每周一次，完成了 76 期直播执法工作。

（三）最大的期待是用监管推动合规，督促食品生产经营者主动落实主体责任

从企业的角度看，一方面，监管是企业合规的最重要的外部动力，企业生产经营行为必须遵守的合规义务是强制性的，如国家法律法规、监管机构发布的制度等。另一方面，企业为了赢得市场、监管机构的认可还可以主动进行合规承诺，如与社区团体或非政府机构签订的协议、自愿性原则或行为守则、对客户的产品质量承诺等方面。考虑到法律法规往往是一个平均水平或者社会最低容忍标准，所以在竞争激烈的市场经济中，优秀的企业往往采用更高标准的承诺赢得市场、客户、股东、监管机构等相关方的认可。因此，合规承诺多从大中型企业开始。

国家市场监督管理总局组建以来，在推动社会共治、构建新型监管机制方面，一直在建立健全包括企业信息公示制度、全面实施企业产品与服务标准自我声明公开和监督制度、举报奖励制度在内的企业信用监管机制，从组织大型乳品企业公开承诺开始，在食品生产经营企业中逐步推开合规承诺。2020 年 1 月 29 日，国家市场监督管理总局启动"保价格、保质量、保供应"行动，多家大型食品生产企业参与，承诺疫情防控期间保障防疫用品、重要民生商品价格不涨、质量不降、供应不断。

食品流通企业点多面广，类型繁多，公开承诺需要更多的规范和引导。99 号文采用"指南+承诺"方式，为放心食品超市的公开承诺提供了规范的模板，设置了前提，即按照 99 号文提供的操作规范，在全面开展食品安全风险隐患排查和整改的基础上，在经营场所醒目位置张贴至少 6 条规范的承诺内容。截至 2020 年年底，共1.5 万家食品超市公开自我承诺。

在上海，截至 2020 年年底，评定为"守信超市"或"食品安全示范店"的全部食品销售者要公开自我承诺。在浙江，各地组织集中承诺活动 42 次，442 家超市参与公开承诺，新闻媒体宣传报道 45次。持续推进食品商超规范化建设，以点带面推进提升商超食品安全管理水平，切实将食品安全主体责任落实到位。全省共创建"放心肉菜示范超市"32 家。

从标准化的视角看，指南提供的是指导、建议或给出信息，其功能为提供"指导"，其核心技术要素为"需考虑的因素"。在"需考虑的因素"中提供某主题的一般性、原则性或方向性的指导。为各种组织建设合规管理体系的指南类标准，如 ISO 19600《合规管理体系　指南》，主要就是为各类组织建立、制定、实施、评估、维护和改进管理体系提供指导。对照管理体系 PDCA 闭环控制的通用方法，99 号文的

"指南+承诺"方式，不仅是策划，而且到了执行环节，在督促企业落实主体责任工作、推动合作型监管中迈出了实质一步，未来在检查和改进环节上如果能够采用科学有效的评价指标和方法，"四个最严"监管形成工作闭环，监管推动合规的目的也将达成。

撰稿：李轶群（中国工商出版社）

▶ 2.1.6　案例　宁波市市场监督管理局：超市经营者的自我承诺与教材指引

宁波市市场监督管理局的主要职责是负责市场综合监督管理、市场主体统一登记注册、组织和指导市场监管综合行政执法、知识产权监督管理、产品质量安全监督管理、特种设备安全监督管理、食品安全监督管理以及药品、医疗器械、化妆品安全监督管理等。同时，宁波市食品安全委员会办公室设在宁波市市场监督管理局，承担宁波市食品安全委员会的日常工作。

一、"放心超市自我承诺"及其跟踪评价

为进一步贯彻落实《食品安全法》《食品安全法实施条例》以及《中共中央　国务院关于深化改革加强食品安全工作的意见》，督促食品销售者全面落实食品安全主体责任，合法合规开展经营活动，国家市场监督管理总局于2020年印发99号文，针对主体责任落实不到位情形中的突出问题，将食品安全自查、追溯体系建设等列为重点责任予以强调，并要求广泛发动有条件的食品超市向社会公开放心食品自我承诺，进一步提升食品销售者履行主体责任的积极性和主动性，督促行业提升食品安全诚信水平和食品安全管理能力。

（一）进程概述

宁波市市场监督管理局自2017年起组织开展品质超市"1+1+

1"建设活动，按照"放心肉菜示范超市""食品安全示范超市""食品安全规范超市"3个层面进行梯次化培育。"放心肉菜示范超市"，对照国际高标，突出品质引领；"食品安全示范超市"，强化风险管控，树立行业标杆；"食品安全规范超市"，注重夯基补短，守住法律底线。品质超市不断推动超市食品安全规范化管理，截至2023年9月，宁波市已建成251家品质超市，其中放心肉菜示范超市22家、食品安全示范超市50家、食品安全规范超市179家。

为有效落实国家市场监督管理总局99号文关于开展"放心食品自我承诺"活动的相关要求，宁波市市场监督管理局将市级认定公布的"品质超市"列入首批"放心食品自我承诺"范围。188家"品质超市"均参与自我承诺活动，公开承诺从食品安全管理能力建设、食品安全自查、食品采购来源、食品销售过程、员工健康管理、场所环境卫生等方面严格落实企业食品安全主体责任。从"品质超市"建设到"放心食品超市自我承诺"，更强调提高企业首负责任意识，更侧重发挥企业主观能动作用，是政府食品安全管理从部门主导向企业自律转型的风向标志。

同时，为营造食品经营"公开承诺、诚信守诺、严格践诺"的放心消费氛围，进一步推动落实企业食品安全主体责任，宁波市市场监督管理局还组织开展了"放心食品超市自我承诺"跟踪评价活动。评价过程安排包括，一是随机抽取，由食品安全监督员、新闻媒体、消费者代表随机抽取若干家"放心食品自我承诺"大中型商超。二是跟踪评价，食品安全监督员、新闻媒体、消费者代表分组对抽取的大中型商超，依照《"放心食品超市自我承诺"跟踪评价评分表》进行现场评分。三是媒体通气会，从政府、企业、社会监督力量3个层面交流"放心食品自我承诺"跟踪评价活动。发布《品质超市年度第三方技术评审报告》，年度食品安全管理"十佳店长""十佳食品安全管理员"颁奖。跟踪评价结果纳入食品销售企业风险等级评定管理，对守信企业、失信企业采取不同的激励惩戒机制，品质超市严重失信的予以摘牌处理。跟踪评价发现问题逐一督促落实整改，违反法律法规规定的严格查处。

（二）自我承诺

食品安全是民生工程，是良心工程。为保障广大消费者"舌尖上的安全"，引导超市积极参加"放心食品自我承诺活动"，严格遵守《食品安全法》等法律法规要求，严格履行食品安全主体责任，保证食品安全，守法诚信经营，自觉接受社会监督。为此，引导超市郑重承诺：

1. 加强食品安全管理能力建设。企业主要负责人对超市食品安全工作全面负责。健全食品安全管理机构，完善食品安全各项制度，配备食品安全管理人员，建立食品安全追溯体系。

2. 严格食品安全自查。认真落实食品安全自查制度，加大对食品经营活动各环节、各岗位落实食品安全制度情况的检查力度，定期对食品安全状况进行检查评价，及时采取措施消除食品安全风险隐患。

3. 严控食品采购来源。认真落实食品进货查验记录制度，确保所采购食品均来自食品安全保障能力较强的供应商且质量安全可靠可控，确保各类票据齐全合法。不采购不符合食品安全标准的食品，不采购无合法来源或无法追溯来源的食品。

4. 严控食品销售过程。按照规范开展食品贮存、销售等活动，采取有效措施防控交叉污染；确保冷藏冷冻食品始终处于标签标识或标准要求的温度环境；确保线上线下同标同质销售。不销售感官性状异常的食品，不销售超过保质期的食品，不销售未经任何防护的散装直接入口食品，不销售法律法规禁止的各类食品。

5. 严格员工健康管理。认真落实员工健康管理制度，实行每日岗前健康检查，督促员工保持个人卫生，按要求穿戴清洁的工作衣、帽、口罩等上岗工作；确保从事接触直接入口食品的员工持健康证上岗、未患有碍食品安全的疾病。

6. 严控场所环境卫生。加强重点区域、重点环节的清洁消毒工作，确保经营场所干净整洁卫生，通风照明良好，无异味。

（三）评价指标

根据《"放心食品超市自我承诺"跟踪评价评分表》，将评价结

果分为 4 个等级：20 项均符合为好；17~19 项符合为较好；14~16
项符合为一般；13 项符合以下的为差（详见表 2-2）。

表 2-2 "放心食品超市自我承诺"跟踪评价评分表

检查项目	序号	检查内容	评价
1. 食品安全管理能力建设	1.1	企业主要负责人落实企业食品安全管理制度，对本企业的食品安全工作全面负责。	□是　□否
	1.2	食品安全管理机构健全，食品安全各项制度完善。	□是　□否
	1.3	配备食品安全管理人员。	□是　□否
	1.4	建立食品安全追溯体系，按照《食品安全法》的规定记录并保存进货查验、食品销售等信息，保证食品可追溯。	□是　□否
2. 食品安全自查	2.1	严格落实食品安全自查制度，检查食品经营活动各环节、各岗位落实食品安全制度情况。	□是　□否
	2.2	定期开展食品安全状况检查评价。	□是　□否
	2.3	自查发现问题，及时采取措施消除食品安全风险隐患。	□是　□否
3. 食品采购来源控制	3.1	建立并落实食品进货查验记录制度，记录所采购食品的名称、规格、数量、生产日期或者生产批号、保质期、进货日期以及供货者名称、地址、联系方式等内容，并保存相关凭证。	□是　□否
	3.2	未采购不符合食品安全标准的食品。	□是　□否
	3.3	未采购无合法来源或无法追溯来源的食品。	□是　□否

表 2-2 续

检查项目	序号	检查内容	评价
4. 食品销售过程控制	4.1	按照规范开展食品贮存、销售等活动，采取有效措施防控交叉污染。	□是　□否
	4.2	冷藏冷冻食品处于标签标识或标准要求的温度环境。	□是　□否
	4.3	线上线下销售的食品同标同质。	□是　□否
	4.4	不销售感官性状异常的食品，不销售超过保质期的食品，不销售未经任何防护的散装直接入口食品，不销售法律法规禁止的各类食品。	□是　□否
5. 员工健康管理	5.1	建立并认真落实员工健康管理制度。	□是　□否
	5.2	每日岗前执行健康检查，从业员工保持个人卫生，按要求穿戴清洁的工作衣、帽、口罩等上岗工作	□是　□否
	5.3	从事接触直接入口食品工作的人员应当每年进行健康体检，取得健康证明后方可上岗工作。	□是　□否
	5.4	患有国务院卫生行政部门规定的有碍食品安全疾病的人员，未从事接触直接入口食品的工作。	□是　□否
6. 场所环境卫生	6.1	对重点区域、重点环节开展清洁消毒工作。	□是　□否
	6.2	保持经营场所干净整洁卫生，通风照明良好，无异味。	□是　□否

二、政府助力：编著超市食品安全管理培训教材

食品安全法律法规明确了食品企业负责人、食品安全管理人员、从业人员等应履行的法律义务。"人"的食品安全行为规范是落实食品安全"企业"主体责任的关键。为此，宁波市市场监督管理局组

织专家历时 3 年编著《超市食品安全基础管理操作指南及培训教材》（以下简称《培训教材》），并于 2021 年 11 月由中国法制出版社正式出版。《培训教材》以《食品安全法》《食品安全法实施条例》《食品经营许可管理办法》《食用农产品市场销售质量安全监督管理办法》《食品安全国家标准 食品经营过程卫生规范（GB 31621—2014)》等法律法规章及食品安全国家标准为主要依据，以平实的语言、细致的解释、实景的图片，为政府、企业、第三方、公众提供通俗易懂的超市食品安全管理工具书。特别在超市食品安全自查规范方面，明确了决策层、管理层、执行层分别要"做什么""为什么做"及"怎么做"，以及如何让"制度规范"成为"人的行为准则"，以提高企业自律意识，提升自我管理能力，形成良性的食品安全管理"内循环"。

《培训教材》共分 4 个部分。第一部分是超市食品安全基础管理操作指南，汇总梳理超市经营食品从资质管理到全过程食品安全风险管控的规范要求。第二部分是超市食品安全基础管理自查体系，指引超市定期开展食品安全自查，形成检查—评估—整改的管理闭环。第三部分是优秀基础管理培训教材，是对第一部分行为规范在操作上的进一步细化，并辅以实拍图例。第四部分是常见问题及规范管理体系，通过反面、正面教学案例，引导超市按照 7S（即 7 Standard，具体指规范的制度和操作、规范的工作指引、规范的设备设施和区域色标管理、规范的产品标识标签、规范的必需品配备、规范的卫生消毒用品配备、规范的存放容器配备）规范管理体系导入，不断提升食品安全管理水平。

其中，第四部分 7S 规范管理体系导入，主要从规范的制度和操作、规范的工作指引、规范的设备设施和区域色标管理、规范的产品标识标签、规范的必需品配备、规范的卫生消毒用品配备、规范的存放容器配备 7 方面，以图片列举的形式，为超市开展规范化建设工作从实际操作层面提供了示范模板，是对前三部分内容的高度概括和超市日常管理体系的规范指引。超市可结合自身实际情况，快速导入 7S 规范管理体系，从而将行为规范上升为管理绩效，让政府部门、消费者及社会各界都能明显感受到超市的软硬件提升。

三、展望

为持续巩固品质超市建设成果，宁波市市场监督管理局以《培训教材》出版为契机，配套出台《宁波市超市食品安全管理提升行动实施方案（2021—2023年)》（以下简称《实施方案》）。根据《实施方案》评分标准，政府部门联合第三方服务机构在对品质超市建设单位食品安全全过程管理技术评审的基础上，还对政府部门近阶段推进的重点项目予以一定的评分权重，如自查体系建设、人员培训考核、7S规范管理体系导入、食品安全信息追溯等，从而将超市食品安全管理纳入政府部门食品安全治理的"主赛道"。

宁波市市场监督管理局以品质超市"1+1+1"建设、"放心食品自我承诺"以及"放心食品超市自我承诺"跟踪评价等系列活动为载体，推动政府部门食品安全治理实现"三个转变"。一是监管理念上，让企业从"要我做"转为"我要做"，企业诚信自律管理是今后食品安全管理的"主旋律"。二是监管方式上，从政府部门单打独斗到社会共治、全民参与，形成多层级的检查网络。三是监管手段上，从政府部门刚性的检查执法到柔性的辅助提升的转变。

宁波市市场监督管理局的具体实践，是食品安全社会共治模型的典型案例之一。通过政府主导、企业参与、第三方技术支持和社会力量监督，食品安全治理由政府单一主体治理转向多元主体合作治理，以实现全民参与、合理分工、高效治理，从而促进整个行业良性循环，整个社会利益共赢。由此可见，食品安全社会共治的新路径，就是要创造一个人人参与、政企协同、社会共享的信息场域，拉平信息差，减少不对称，不断提高食品安全治理的广度和深度，不断提升食品安全治理的标准化和现代化水平。

撰稿：金琳（宁波市市场监督管理局食品流通处）

2.2 问题：预防为主与技术支持

《食品安全法》第三条规定，食品安全工作实行预防为主、风险管理、全程控制、社会共治，建立科学、严格的监督管理制度。"凡事预则立，不预则废。"这一规定表明，食品安全工作重在预防。"预防为主"反映了食品安全监管理念上的根本转变，即由事后的整治转向事前的预防，从被动治理到能动治理。当下，"预防为主"已成为食品安全监管最基本、最有效的策略与方法。因为食品安全立法的目的就是防止损害的发生，保障公众身体健康和生命安全。近年来，中外食品安全立法都将"预防为主"作为重要内容之一，可见其在食品安全工作中具有举足轻重的地位。做好食品安全工作，必须坚持"预防为主、关口前移"，不要等到发生问题再查处、追责；必须增强风险意识，强化日常监管，有效防范化解各类风险隐患，牢牢守住食品安全底线。

习近平总书记多次告诫全党要时刻准备应对重大挑战、抵御重大风险、克服重大阻力、解决重大矛盾。当前和今后一个时期是我国各类矛盾和风险易发期，各种可以预见和难以预见的风险因素明显增多。我们必须坚持统筹发展和安全，增强机遇意识和风险意识，树立底线思维，把困难估计得更充分一些，把风险思考得更深入一些，注重堵漏洞、强弱项，下好先手棋、打好主动仗，有效防范化解各类风险挑战，确保社会主义现代化事业顺利推进。习近平总书记有关防范和化解重大风险的一系列重要论断，充分体现了思想家、政治家、战略家的高瞻远瞩和深思远虑，是推进我国食品安全治理的根本遵循和行动指南。

2003 年联合国粮食及农业组织、世界卫生组织出版的《保障食品的安全和质量：强化国家食品控制体系指南》指出，在生产、加工和销售的整个过程中始终贯彻预防性原则，可最有效地实现降低风险的目标。在食品生产和销售的整个过程中采用预防性措施而不只是在最后阶段采用检验和拒绝的手段，在经济学上将具有更大的意义。2008年3月联合国驻华系统代表办事处出版的《推动中国食品安全》提出，从农场至餐桌整个过程中，最大范围地连续运用以预防为主的原则来尽可能地减少风险。食品安全立法应当从命令控制模式转变为以预防风险为基础的监管模式。

21世纪以来，随着科学技术的迅猛发展，食品添加剂被广泛应用，转基因食品和新式食品大量涌现。世界范围内不断出现的新型食品安全问题引发人们对食品安全问题的恐慌。食品安全事件使人们逐渐认识到针对食品安全问题"防重于治"，防止损害的发生比任何严厉的惩罚措施都更有效。历史经验表明，事前的一份努力，胜过事后的十分救济。落实"预防为主"的方针，应当做到早发现、早预防、早整治、早解决，这样才能有效提升食品安全风险防控和科学监管能力水平，切实保障公众身体健康和生命安全。

在食品安全领域，风险监测制度、风险评估制度、风险预警制度、风险自查制度、产品追溯制度、产品召回制度、责任约谈制度等，都是预防为主理念在食品安全领域的具体体现。换言之，预防为主理念已贯穿于食品生产经营全过程和食品安全监管各方面。值得注意的是，有些制度尚未充分发挥作用，还有待进一步完善。如风险监测制度，依然存在监测技术和设备落后、人员匮乏、经费不足等问题；风险自查制度的规定还比较原则，缺乏相应的约束机制；产品召回制度存在召回食品的范围过窄、召回食品后续处理不到位且监管不力、处罚过轻等问题；责任约谈制度存在相关立法不完善、约谈主体范围狭窄、约谈程序规定不具体、约谈效力不足、救济机制缺失等问题。

食品安全"防大于治"，要立足主动"防御"，健全制度、加大宣传力度、落实责任。一要强化预防工作的制度性建设。现有的食品安全风险监测制度、风险评估制度、风险预警制度、风险自查制度、产品追溯制度、产品召回制度、责任约谈制度等，过于原则化简单化，需要与时俱进，不断完善各项规章制度。二要强化预防工作的前瞻性分析。通过广泛深入开展调查研究，摸清风险隐患底数，以便及时发现和解决食品安全工作中的倾向性、苗头性、突发性、规律性的问题，并进行科学分析，在遵循客观规律的基础上，超前预测，及时报告，有针对性地采取防范措施。三要强化预防工作的连续性拓展。始终保持清醒的头脑，树立忧患意识、风险意识、责任意识，不被表面和相对安全的形势所迷惑，从平静中看到不平静，从安全中发现漏洞和隐患。各地区、各部门要持续加强食品安全风险监测，全面排查食品安全隐患，切实把好食品安全的源头关、生产关、流通关和入口关。四要强化预防工作的社会性普及。创新方式方法，用群众喜闻乐见的形式，常态化、全覆盖、无死角地开展普法宣传，着力提升食品企业主要负责人、安全管理人员、从业人员诚信守法意识，最大限度地减少违法违规行为。只有食品企业把工作重点放在建立事故隐患预防体系上，超前防范，才能有效避免和减少食品安全事故发生。五要强化预防工作的责任制落实。落实责任是食品安全工作的关键。要建立严格的食品安全责任制，把预防和控制风险责任落实到各级政府、食品安全监督管理部门和企业各级领导、从业人员身上，营造"人人关心、人人重视"食品安全的良好社会氛围。

评析：徐景波（黑龙江省政法管理干部学院法学教授）

▶ 2.2.1 案例 福州市市场监督管理局："精准化预警"体系

近年来网络订餐、社区团购等新业态蓬勃发展，食品行业市场体量迅速扩张，监管对象多元庞杂，仅仅依靠常规检查手段，容易造成监管信息滞后，监管死角不可避免，监管工作面临巨大的挑战，亟须市场监管部门充分运用先进的大数据应用技术构建风险预警体系，挖掘数据资源背后的监管风险和违法违规线索，提高监管的靶向性和有效性。福州市作为全国商事制度改革的先行地，在 2015 年率先组建了市场监督管理局，发现利用大数据加强市场监管预警的重要性和必要性。福州市市场监督管理局主动适应新形势，认真贯彻党中央运用大数据加强对市场监管工作的方针，充分重视大数据应用于监管的意义，积极探索大数据技术在市场监管预警的实际运用，聚焦潜在风险，推进"精准化预警"体系建设，创新引入风险控制理念，将大数据技术赋能于食品安全监管领域，运用"数据挖掘+分类建模+技术分析"智能预警模式，打造了一条具备信息收集、数据分析、风险预警、联合处置、结果追踪、及时反馈等完整环节的预警信息监管"业务链"。

一、"精准化预警"体系的概述与亮点

福州模式的"精准化预警"体系建设，建立了一套行为可感知、过程可监测、风险可预警、信用可评价、责任可追溯、成效可评估的"六可"精准化食品安全监管预警体系，有效提升履职能力，牢守食品安全底线。专职预警机构、风险预警平台、实际需求导向，为这一"精准化预警"体系的运行提供了组织支持、技术助力与靶向发力。

（一）专职预警机构

2017 年 9 月挂牌成立局属事业单位福州市市场监管监测服务中心，为全国首个专职市场监管风险预警职能机构，为构建风险预警机制，提高风险预警和处置效能提供基础。

一是配备专业监测队伍。福州市市场监管监测服务中心配备了食品、药品、计算机等专业技术人员 21 名，专业技术人员占总人数的 95.5%。其中具备高级职称人员 8 名，占比 38%。监测人员充分发挥专业优势，围绕食品安全等市场监管领域开展数据综合分析，挖掘数据资源背后的监管风险和违法违规线索，推送预警信息，提出监管工作建议。

二是建立预警专家小组。建立完善由新闻学、社会学领域和市场监管业务领域的专家学者以及聘请舆情分析师构成的风险预警专

家组，应用数据平台归集的信息，研判分析风险因素、风险发生的概率及时期，可能造成的危害、影响范围、严重程度以及需采取的防控措施等，研究建立风险预警模型，指导突发舆情事件的分析研判工作。

三是建立高效处置机制。出台《福州市市场监管预警平台工作方案》等工作制度，理顺预警信息研判流转处置方式。规定各预警级别处置时效，通过手机 App 实时接收、查看、推送预警信息，确保风险预警信息在规定时限内有效处置并录入结果。监测人员根据结果反馈及时调整监测导向，建立完整数据预警闭环。

（二）风险预警平台

自主研发"福州市市场监管预警平台"，应用大数据挖掘分析技术，对数据进行融合、挖掘、分析、预警，实现"数据驱动"风险预警方式的创新。

其一，融合各领域信息数据，实现数据互通共享。预警平台主要是基于数据进行风险研判和预警，数据是平台的基础，平台数据来源主要有 4 个方面：一是对接市场监督管理局现有 8 个业务系统，从"纵向"上归集各级市场监管业务数据，二是来自数字福州大数据平台，从"横向"上归集农业、海渔等本级政府食品安全监管部门与市场主体活动相关的信息，三是对接舆情监测系统，从多维度各层面叠加各类舆情信息。四是导入非平台存储的相关数据。打通数据壁垒，协同应用。平台目前已归集食品安全数据（包括企业登记信息、行政许可、行政处罚、约谈情况、检验检测、快检信息、投诉举报、日常检查、网站网店、舆情、年报信息、变更信息等）1500 万余条，形成食品企业"一企一档"数据逾 10 万余户，产品信息和人员基础数据库超 100 万条，实现数据信息相通、预警信息共享。监管人员无须登录多个平台就能快速掌握主体的各类监管信息和风险事件。

其二，构建风险评估体系，实现分级分类监管。在开展通用型信用风险分类的基础上，从主体登记风险、信用风险、动态监测风险等 6 个维度考察市场主体风险，选用注册资本、行业类别、投诉举报预警等18个二级指标建立关联关系，采用千分制进行评分和分类分级，自动评定市场主体风险等级。目前，已完成对全市10万余家食品生产经营主体的风险等级评定，初步实现差异化分类监管。监管人员可进行差异化监管，促进有限监管资源合理配置，有效提升市场监管效能。2021年，通过该风险定级模型筛选出153户食品生产经营主体作为重点检查对象，发现55家存在不同程度的其他问题，问题发现率为35.9%。同时，还从法人信用、经营企业数、所经营企业经营状况、经营企业处罚情况等方面对法人进行风险评估，构建风险人员库。

其三，构建分类预警模型，实现智能风险识别。围绕重点风险领域，分类建立预警模型，为市场主体画像，并据像预警。构建市场主体、产品、区域预警3个"通用模型"和舆情监测、检验检测、投诉举报预警等6个"专题模型"。依托预警模型自动筛选功能，智能识别风险。累计产生"检验检测合格率异常、多年未抽检企业、热点投诉问题"等1200多条食品安全监管风险预警信息，有效提升监管的靶向性。

其四，开发风险处置子系统，实现风险预警的处置反馈。预警平台开发快速的信息推送流转通道和处置反馈模块，这一板块是对已发现风险的后续处置和流程。使预警信息能快速流转至相关业务处室、各县（市）区局进行处置。同时支持处置结果的录入，完成预警信息的反馈，形成有效闭环。

（三）坚持实际需求导向

其一，从2021年开始，注重食品行业的特点，探索具有行业特色的重点领域信用风险分类模型。通过建立包含企业资质、监督信息、违法行为、企业管理4个方面的31个评价指标，构建食品生产企业信用分级评分模型，对食品生产企业进行信用分级，并对食品生产信用分级实行动态调降和信用评价修复管理。

其二，实时关注市场监管相关的网络舆情和消费者举报投诉信息，关注新兴业态、新兴产业，梳理经营者、消费者、投资者及其他社会共治主体所关注的焦点热点问题，结合监管实际及预警平台监测数据，有针对性地开展专项监测，为相关领域的专项治理提供决策依据，让监管"跑"在风险前面。

其三，以拓展应用场景为导向，促进"信息+业务"融合。结合监管业务发展需求，针对市场监管重难点、社会热点构建"信息+业务"的专题预警，拓展"市场监管预警平台"功能的应用场景，促进"数据+业务"深度融合。

自福州市市场监管监测服务中心成立以来，基于大数据日常监测过程中发现的篡改生产日期销售过期冻肉事件、"酿造酱油核心成分为0"事件、肉及肉制品掺假现象、普通食品以保健品宣传等问题，以及对外卖餐饮、网络直播、社区团购等新兴行业进行专项监测，深入分析、研判，提前预警。撰写《关于肉及肉制品掺假售假问题的专报》《关于口服蛋白肽、玻尿酸产品问题的监测专报》《关于社区团购相关舆情的监测专报》等食品领域专报 17 份，依托大数据分析结果，福州市市场监督管理局开展了食用油、"天价茶"、外卖餐饮专项整治等一系列专项行动，切实提高监管的针对性和有效性。

二、基于平台预警的专项治理：以食用油抽检为例

福州市市场监管预警平台构建的"检验检测预警"，预先制定了预警分级分类原则，对照食品安全标准进行产品、项目及其指标的分类，以不合格项目、检出值、不合格率、检出频次等设置不同的阈值，利用数据分析技术，对大量的监督抽验数据进行分析，旨在对不合格产品及时预警，及时启动产品控制、食品安全风险分析，防范潜在风险，并实现高风险企业、品类、区域及危害物的挖掘，指导区域及产品品类、项目抽检，提高监督抽检靶向性。

2021 年 2 月，检验检测预警模型自动触发较大级预警信息"多批次食用油检出乙基麦芽酚"（见图 2-4）。

预警信息由监测中心审核后立即流转至福州市市场监督管理局食品生产安全监管处、应急管理与宣传处进行处置。同时，依托预警平台归集数据，根据生产单元筛选出福州市 58 家食用油生产企业名单（见图 2-5），连同预警信息立即推送相关部门，建议开展食用油专项整治。

图 2-4　预警平台自动触发预警信息

图 2-5　预警平台筛选辖区食用油生产企业名单

食品生产安全监管处接收处理，结合工作实际，排查辖区重点抽检的食用油生产企业，拟研究制定食用油专项整治方案（处置意见见图 2-6）。

图 2-6　监管部门处置意见

为了更好地防范食用油风险，监测中心监测人员与食品监管人员及食品检验技术专家，就食用油中非法添加乙基麦芽酚等香精香料、香精香料的检测、食用油生产还可能存在的违法违规行为，以及如何防范风险等问题进行了探讨，同时结合预警平台监测数据，对近期各级市场监管部门食用油抽检情况进行汇总分析，剖析食用油中检出乙基麦芽酚的可能原因，并提出监管建议。撰写了《关于食用油、油脂及其制品近期抽检情况简析的监测专报》，并推送相关部门。

市场监管部门随即于 2021 年 3 月在全市开展食用油专项整治，督促企业严格过程质量控制，严厉打击非法添加乙基麦芽酚香料香精等违法违规行为。专项整治后全覆盖抽检福州市在产食用油生产企业食用油 60 批次，抽检结果全部合格。

三、精准化市场监管预警的迭代与升级

"精准化市场监管预警"是运用大数据技术进行食品安全"智慧监管"的初步探索。数据就是一种生产资料，而且，这种新型生产资料会带来价值增量。福州市市场监督管理局将进一步注重监管实际需求，以谋划预警平台的二期建设为切入点，做好数据归集整合、应用功能扩展等工作，进一步提升风险预警能力，推动实现市场监管的管理精准化、决策科学化、监管智能化。搭建一条具有福州特色的食品安全"智慧监管"之路。

一是构建信息资源共享机制。建立信息资源标准规范体系、统一数据交互共享标准，做好数据采集、存储、清洗、整合，实现纵向上下级部门间的数据共享，横向与农业、商务等相关职能部门的数据互通，搭建全市市场监管数据中心。

二是持续推进"数据+技术+业务"的深度融合。充分利用大数据资源，以业务部门监管需求为导向，关注重点领域、重点违法违规行为，以大数据分析、区块链等信息化技术智慧赋能，构建解决实质监管问题的专题预警模型，拓展预警平台应用场景。

三是完善风险预警评分体系。在开展通用型信用风险分类的基础上，对食品生产、知识产权、消费维权等特殊重点领域开展专业型信用风险分类，深入对接本级"双随机、一公开"3.0 系统，有效实施差异化监管。

四是提升监测人员数据分析能力。促进专业技术人员业务技能自我提升，进一步提高风险预警信息的有效率和利用率，为监管业

务部门提供精准化的市场风险监测预警，提高市场监管的靶向性和精准度。

撰稿：陈宗胜、吴碧文（福州市市场监督管理局）

▶ 2.2.2　案例　百事：食品安全与合规管理的数字化实践

百事公司旗下拥有众多深受消费者喜爱的年零售额超过 10 亿美元的标志性品牌。每天在全球 200 多个国家和地区的消费者享用百事公司的产品达 10 多亿次。2021 年百事公司的净收入超过 790 亿美元，得益于其互补性的饮料和休闲食品系列。秉承"百事正持计划"的理念，百事公司的愿景是成为全球饮料和休闲食品领域的领军者。"百事正持计划"是以可持续发展为中心的整体战略转型，公司将通过遵循地球生态系统而运营，并为人类乃至地球带来积极的改变，从而实现价值创造和增长，以达到"地球与人和谐共生"的愿景。

为了实现上述承诺，百事公司致力于维护全面的食品安全与合规管理体系。食品安全与合规管理不仅包括食品安全，也包含为消费者提供安全美味食品，并促进消费者的营养健康，以及为了实现食物安全，改变食物生产、加工和消费方式的可持续发展。百事公司通过跨部门的通力合作，建立并执行关于食品安全与合规管理的详细的内部方案和程序。百事公司的食品安全保障是通过原料和成品的综合安全管理，以及健全的供应商质量保证方案而实现的。百事公司遵循严格的全球食品安全标准，同时符合行业规范、组织标准和客户要求。这些标准适用于包括中国在内的每个市场，并符合所有适用的法律和监管要求，严格遵守当地法律法规和标准进行运营。

一、合规建制与技术赋能

作为食品安全的责任主体，向市场提供安全合规的产品是企业义不容辞的责任，百事公司依法从事食品生产经营活动，全面落实有关法律法规和有关规定，严格执行相关的食品安全国家标准，建立健全食品安全管理责任制和有关操作规程，及时消除食品生产经营活动中的危害与风险。

（一）合规管理概述

百事公司有一个由食品、化学、生物、法律等各方面专业背景的人士组成的、负责科学法规事务的团队。团队成员遍布世界各地，根植于百事公司产品所到达的国家（地区），负责产品合规和法规相关的事务。合规的审查贯穿产品的整个生命周期，产品开发团队和市场部门密切合作，从产品创意、创新开发、原料、包装、标签、宣称等各个阶段进行合规审查，确保产品上市前符合当地的法规要求和百事的要求。原料的审核具体到每个原料及其配料，法规部门与研发部门密切合作，详细了解和分析产品中的原料，确保其符合相应的标准，配料中食品添加剂的使用合理规范，符合食品安全国家标准。标签是消费者了解食品的重要渠道，标签上的各种信息，都要经过法规部门的审核，以确保符合标签和广告等法律法规和标准的要求。

合规是一个动态的活动，合规工作还有一项重要的任务是前瞻性的，基于科学和风险的预警机制，掌握分析国内外食品安全事件、食品风险监测结果、消费者投诉等因素，综合判断和识别风险因素及其可能性，及时提出风险防范措施，减少风险，确保新品开发的合规。还要考虑到国内外法规和食品安全评估的动态，随时掌握法律法规的变化趋势，提前做好准备工作，及时做好应对预案。

在负责公司产品合规、充分履行主体责任之外，法规团队还通过各个渠道，与行业密切合作，主动了解相关的法律法规和标准的动态，积极参与当地法律法规、食品安全国家标准以及相关的产品标准的制修订，为法律法规和标准制修订建言献策，促进立法科学性、客观性及可操作性。百事公司不仅关注当地法规，在全球团队的支持下，百事公司也努力促进食品标准的国家、区域间协调，促进食品安全和法规相关的国际交流，积极参与食品法典的相关活动，希望通过标准的协调促进食品贸易的发展。

（二）数字化提升常规质量和食品安全管理水平

灯塔数据系统是百事公司研发部门使用的图形网络平台，用于归档、分析全球质量和食品安全数据，发布高级行政管理级别报告和发布百事公司多个职能部门以及全球工作计划相关的详细的可视化报告。灯塔数据系统通过让用户直接访问获取具有影响力的商业洞察数据和报告，以解决数据报告一致性和可视化的问题。灯塔数据系统上的内容来源于后台的大量数据，并同步建立了数据驱动的商业智能平台。正如其名字所寓意的，灯塔数据系统中的报告为百事公司不同职能部门的持续改进和创新开辟了新途径，指引了方向。

1. 食品安全与质量记分卡

作为灯塔数据系统的重要部分，百事公司开发了一套质量和食品安全记分卡，作为衡量所有品类整个价值链的重要指标，同时设立了专门的团队来推动质量和食品安全的持续改进。

全球质量和食品安全记分卡通过食品安全、工厂质量和市场质量3个关键维度对工厂的合规性进行评估，提供了整体质量和食品安全的综合评估。通过记分卡，增强了对相关数据的关注度和相关部门的责任感及主人翁精神。同时，由灯塔数据系统每季度公布季度记分卡业绩总结，并与之前的报告进行比较，提供在每个维度中的主要驱动因素，以指引改进的要点并推动持续的进步。

2. 全球质量审核标准方案

在灯塔数据系统中，全球质量审核标准方案是其中一个主要的质量方案。全球质量审核标准方案确定了食品安全和质量实践的核心审核类型、执行方法和审核频率的最低要求，并适用于公司自有工厂和第三方制造商。同时，还包括了具体的管理要求和职责，以确保有效的规划、审计执行、绩效评估和改进行动。该方案依据世界领先的质量管理体系标准的关键原则制定，它提供了一个行业公认的框架和语言，协助百事公司及生产场所制定与执行相关的质量与食品安全要求，实现卓越的客户和消费者满意度，并满足法规和监管要求。

3. 食品安全第三方审核

百事公司根据严格的要求，利用全球公认的第三方机构对生产场所进行独立审核，以评估生产基地食品安全的管理实践，验证我们体系的有效性。第三方机构审核员对工厂进行全面的现场审核，按照标准要求对食品安全的管理执行进行评估，其目标在于通过逐步建立的全员参与文化，在生产现场（推行"领导到前线"方针）进行有针对性的、有效的和持续的行动，确保所有生产场所符合内部及行业的标准，并且遵守法规要求。百事公司会纠正所发现的任何不符合点，利用所积累的经验教训持续改进管控流程，并通过生产现场能够证明符合所有适用的要求来不断地验证。同时，数字化是百事强化智能审核系统设计的核心，运用数字化的审核模式，可实现稳健、有效和高效的审核流程。百事公司部分审核的详细内容包括审核报告，纠正行动方案等，已经可以直接在灯塔数据系统中获取并进行跟进审核、确认纠偏方案的完成状态。

二、合规前瞻性：预防性的食品安全管理工具

百事公司将科学知识融入食品安全管理项目中，其目的是主动而不是被动地进行食品安全管理。基于风险分析和科学研究的控制措施是百事公司食品安全管理系统的基础，而且其设计目的是预防潜在的危害和风险。这些控制措施对于生产百事公司产品的每一步，从采购到销售都至关重要；同时百事公司的产品是可以全程追溯的，这可以快速调查并处理市场上的潜在问题，从而主动地进行食品安全管理。其中最主要的是以下 5 个管理工具。

（一）原料风险评估工具（Material Risk Tool，MRT）

MRT 是百事食品安全原料风险评估工具。利用该工具在创新过程中对原料进行端到端食品安全风险评估，以确保产品设计符合食品安全标准。MRT 是一个在线数据库，作为危害和风险评估的起点，它定义了食品原料的分类系统，并确定了与每个原料的类别和子类别以及供应商风险评级相关的危害因素。危害分析包括其范围内的微生物、化学和物理危害。MRT 是基于风险的食品安全计划的基本

组成部分，可识别危害，并通过规格书确定需要管理供应商控制的部分，或指示何时可能需要实施生产控制。MRT通过提供规格书中所要求的食品安全相关的原料属性和数据，以支持百事全球原料规格书的制定和确定其供应商的标准。MRT驱动全球协调统一，并为管理物料规格书和其供应商的标准提供了一致规范的方法。

（二）高风险原料的管控和确认

根据MRT工具识别定义的高风险原料都有较高等级的微生物要求，包括符合百事公司的微生物规范要求，以确保产品的安全性。结合食品安全评估、供应商审核和微生物规范，高风险原料的管控方案要求加强监控，以确保原料的安全性、供应商管控项目的合理性以及供应商分析报告（COA）的可信度。对于高风险原料必须使用百事公司批准的实验室和认可的方法对原料相关的致病菌进行检测，检测结果包含在供应商分析报告中。此外，百事公司还会额外对每个供应商制造工厂的高风险原料按照一定比例和批次进行测试，以确保原料的安全性和合规性。

（三）致病菌环境监测程序

致病菌环境监测程序重点是根据风险设定分区管理，并设计适当的采样程序，监测环境中与成品相关的致病菌，根据监测结果及时管控，预防交叉污染。其目标在于当即食/即饮产品在包装前暴露于加工环境时，验证清洁卫生程序和致病菌控制的有效性，将环境交叉污染的风险降至最低；同时识别环境死角，从而采取适当的纠偏措施来消除环境中致病菌的潜在来源、传播途径和/或藏匿点。制订行之有效的计划，需采用"积极寻找并消除"（Seek and Destroy）的理念，不断仔细观察评估，测试验证，采取纠正措施，形成良性循环，以有效消除可能存在潜在致病菌的风险。每家百事的工厂和代加工厂需要根据食品特性和生产车间的设计，对每条生产线的不同风险区域进行每周采样，并需要每年回顾检测结果，以持续提高致病菌环境监测程序的有效性。

（四）卫生设计的要求和健全的清洁消毒方案

设备和生产线的设计符合卫生设计的要求和健全的清洁消毒方

案，以保障食品安全。卫生设计是应用设计技术，及时有效地清洁并检查设备和设施。卫生设计还最大限度地降低了食品中引入污染物的可能，确保食品安全且适合食用。卫生设计对于确保安全和低成本的生产环境至关重要。制定全球卫生标准是为了确保生产、包装、持有和/或分销百事公司食品或饮料产品的所有工厂、仓库和配送中心在全球范围内满足卫生计划的关键要素。针对不同的品类，制定相应的清洁消毒手册指南，该手册旨在为百事公司的设施和员工提供与污染、清洁剂、消毒剂和清洁设备相关的特定卫生信息，以确保在安全环境中生产安全产品。

（五）过敏原管理方案

百事公司致力于提供过敏原信息标示正确、安全的食品来保护有过敏反应的消费者。百事公司在全球范围内通过合理的预防性措施来避免生产中过敏原的交叉污染，尽可能减少"可能含有"的过敏原警示标识。百事过敏原管理要求涉及多个职能部门并覆盖整个食品安全管控链：过敏原的风险评估和管控贯穿原材料和供应商的管理、产品开发、生产制造、清洁确认和验证到正确的标识（如图2-7）。通过合理的控制方案设计，降低过敏原清洁换产对产能的影响，通过有效的交叉污染管控减少产品警示性过敏原的标识，让更多消费者可以安心食用百事的产品。

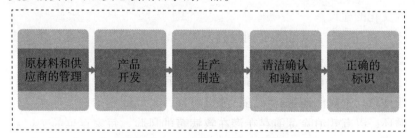

图2-7　百事公司过敏原管理流程

三、展望：营养健康和可持续发展

百事公司不仅关注食品安全，也关注营养健康和可持续发展等食物系统的各方面，从公司各个业务角度积极推动管理的创新，促进社会、环境、资源等方面的可持续发展。2021 年联合国食物系统峰会提出"粮食系统"的概念，不仅要解决饥饿问题，还要减少膳食相关疾病，治愈地球，从根本上改变食物生产、加工和消费方式。食物系统峰会提出的目标包括：确保所有人都能获得安全而有营养的食品；转向可持续消费模式；促进对自然有积极影响的生产等。

百事公司正持计划是秉持以上目标，实现公司整体业务的战略转型，目的是创造长远可持续的价值。百事公司正持计划的三大支柱驱动 2030 年目标的实施，包括：

1. 正持农业：百事公司将再生农业实践扩展至公司整个农业网络（约 28328 平方千米），来助力恢复地球生态系统，以可持续的方式采购关键农作物和原料，并改善其农业供应链上超过 25 万人的生活。

2. 正持价值链：百事公司将通过以下行动帮助建立一个循环和包容的价值链：

（1）到 2040 年实现净零排放；

（2）实现正持用水；

（3）在价值链中推广更加可持续的包装；

（4）百事公司将投入 5.7 亿美元用于推进多元化、公正和包容性文化的建设。

3. 正持产品：百事公司继续发展食品和饮料产品组合，使其更有利于地球和人类的发展，包括以下几个方面。

（1）在新品和现有产品中加入更多样化的成分，使产品更有利于地球，并且/或者提供更多营养；

（2）提升在坚果和种子产品领域的地位；

（3）在产品组合中设定科学目标，使用更健康的油生产食品，加速减少产品中的糖和钠；

（4）继续扩大新商业模式，不用或几乎不用一次性包装。

这是以可持续发展为核心的整体业务的战略转型，百事公司将通过遵循地球生态系统而运营，并为人类乃至地球带来积极的改变，从而实现价值创造和增长。作为全球粮食系统转型的主要参与者，百事公司将在"百事公司正持计划"指导下规划新的经营路线，即从更可持续的方式采购原料、制造和销售产品，到通过其标志性品牌激励消费者为人类和地球的可持续发展做出贡献。

百事公司董事长兼首席执行官龙嘉德表示："正持计划是我们公司的未来。这个整体业务的战略转型，以可持续发展为核心，将为我们的股东和所有利益相关者创造价值。它体现了全新的商业实质，消费者会越来越了解品牌背后的公司以及我们对更广泛社会产生的影响。我们的愿景是成为全球休闲食品和饮料的领导者。因此，我们需要发挥行业领袖作用，利用公司规模帮助建立可持续的粮食系统，保护地球，并对我们合作和服务的人们与地区产生积极影响。这将有利于人类、地球和我们的业务。通过与消费者和客户建立更牢固、更忠诚的联系，能让我们成为股东心目中的市场领军者；通过与百事公司同仁做更有意义的事情，更好地植根所在地区，来帮助他们取得长期成功。"

撰稿：百事亚洲研发中心有限公司

2.3　问题：过程管理与物料平衡

食品安全监管涉及一个相当长的链条，从种植养殖、生产、流通到消费环节，其中任何一个环节出现问题，都有可能导致食品安全事故的发生。近年来，随着国家食品安全抽样检验制度的完善和实施，企业对终产品符合性的重视也随之上升，大部分企业都能保证其出厂的产品符合标准要求（近年来国家食品抽检合格率均在98%以上），但是过程中的一些违法行为却逐渐凸显出来了。单纯结果导向的监管制度可能无法发现企业在生产经营过程中出现的一些违法行为，如地沟油，其成品检测指标完全符合食用油国标要求，过程违法行为难以发现也给监管带来了更多挑战。因此食品安全的监管，需要着眼于全过程、各环节、多节点的管理。

企业过程管理涉及企业的原料管理、生产过程的控制、体系管理、出厂检验、不合格品的召回及处理等诸多方面的内容，除了要求食品企业要承担食品安全的主体责任外，覆盖每个环节的行之有效的监管制度也是重要的监管辅助手段。加强过程监管，是监管部门近年来在逐渐完善和丰富的监管形式，如食品生产经营监督检查制度、追溯管理制度、投诉举报奖励制度等，都是加强对企业生产、经营过程管理的有效制度。同时，各地监管部门也在不断摸索，如设置食品安全吹哨人举报制度，鼓励企业内部人员主动举报企业违法行为，对企业开展"双随机"飞行检查，对生产经营过程进行突击检查。多地实施餐饮企业明厨亮灶，上海实施的生产企业物料平衡检查制度也是政府对过程精细化管理的不断探索和尝试。

食品安全法要求食品企业建立食品安全追溯管理体系，不仅需要从原辅材料追溯到所有的成品，也需要从成品能够反过来平衡到所有的原辅材料。物料平衡制度的执行与推广，直接关系到企业食品安全追溯体系的有效性。通过"物料平衡"理论，利用数据核算和财务审计技术，还原采购、验收及生产过程，通过各个物料的采购量、生产使用量、结存及废弃量等核算，与成品理论产量进行对比，验证企业从采购到生产整个流程中，是否有涉嫌非法添加、超范围添加等违法行为的发生，将《食品安全法》要求的"食品安全追溯体系"执行到位，从而督促企业切实落实主体责任，严格履行从原料采购、生产过程到成品入库每个环节的食品安全管理责任。

从理论来说，物料平衡就是利用物料输入及损耗与成品输出应该保持基本平衡的科学原理，通过现场核查、记录检查、文件检查、数据核算及财务审计的检查手段，在允许的偏差范围内，分析并评估产生物料不平衡原因的合理性，验证和推测食品生产过程是否有非法添加或超量使用等的违法嫌疑。与通过检测结果推断和认定企业违法相比，实施现场核查、物料核算及财务审计相结合的物料平衡检查更科学、更公平合理，很好地还原了食品安全追溯的过程，是食品安全追溯管理中非常重要的环节。

从我国监管实践来看，早在 2010 年，原国家食品药品监督管理总局发布的食药监办许〔2010〕52 号《关于开展保健食品、化妆品生产企业违法添加等专项检查的通知》，就明确提出，在全国集中开展保健食品和化妆品生产企业违法添加等专项检查，其中对"生产情况"的检查："重点检查所用原料是否与批准的配方一致，生产过程是否有生产记录，记录是否真实完整，是否具备可追溯性；生产过程是否符合物料平衡。"自此，食品行业开启了精细化监管的步伐。

随后，原国家食品药品监督管理总局于 2015 年和 2016 年分别发布了《国家食品药品监管总局关于食用植物油生产企业食品安全追溯体系的指导意见》（食药监食监一〔2015〕280 号），《关于加强蜂蜜产品专项治理工作的通知》（食药监办食监一〔2016〕90 号），利用物料平衡的原则，加强对植物油和蜂蜜生产企业的监管，严厉打击植物油中掺杂地沟油和蜂蜜中掺杂糖浆的商业欺诈行为。

以蜂蜜产品为例，通知从"管理制度""物料平衡核算"两个方面进行了管理指导。管理制度方面，从企业经营的日常监督管理方面进行查验，如蜂蜜产品以生产企业的生产环境条件、原料进货验收、生产过程控制，到产品检验、产品贮存销售等情况进行查验。物料平衡核算方面，几个关键点为原料采购、产品投入与产出比、标签等。例如，蜂蜜原料进货合规查验，通过查验企业供货清单、进货发票、进货验收记录、销售订单等，检查企业是否存在采购或生产"指标蜜"潜规则的行为，如分装生产企业使用的原料蜂蜜是否来自获得食品生产许可证的企业；原料蜂蜜与成品蜂蜜产出比检查，对企业原料蜂蜜投入量和成品量比例进行检查分析，重点检查企业使用的糖浆类物质以及食品添加剂购买量、使用量与成品产出量，通过物料平衡关系判断企业是否存在使用糖浆等其他物质生产假蜂蜜的行为。蜂产品标签的核查，要反映食品真实属性，清晰地标示蜂蜜/蜂产品，禁止使用蜂产品制品冒充蜂蜜或者误导消费的行为。

近年来，地方监管部门在日常监管及一些特殊食品生产许可细则中也相继开始体现物料平衡的监管要求，逐步向精细化监管发展。以上海为例，其于 2021 年 8 月发布《上海市食品生产企业物料平衡检查工作指南（试行）》。这是全国首个"物料平衡"细则要求，规范了物料平衡制度实施的流程与步骤。指南从检查组组成和分工、检查方法、检查内容、检查程序、检查报告及检查附件 6 个方面，完善了物料平衡检查制度实施的科学性、程序性及执法依据制度。在检查方法方面，明确检查程序和流程，以事实为依据，注重现场检查，固定流程性记录，结合文件核查和人员访谈，实施物料平衡核算，是政府精细化监管真正落地的开始。实践中，实施物料平衡检查有如下挑战。其一，对于物料平衡检查，其采购、生产过程等过程中的数据记录尤为重要。因此，企业在生产记录管理过程中应加强记录检查与审核，防止笔误等不合格记录。同时，需要企业建立并实施诚信管理体系，实事求是地记录，不恶意伪造相关数据。如何让企业在实际执行层面，真正做到食品安全的"承诺"，真实记录和生产，是物料平衡检查落地实施面临的挑战。其二，由于食品加工的复杂性，不同食品、不同工艺的物料偏差比较大，差异的显著性如何判定，可能需要后续实施过程中不断验证和积累经验，也需要企业如实申报和记录。其三，鉴于企业对食品配方保密性的需要，一些企业可能会出现抵触监管部门实施物料平衡检查制度的情况，担心产品配方在核查中会全盘地呈现给检查人员。这需要执法人员实施严格的保密制度，来控制和预防检查导致的企业机密的泄露。

评析：刘涛（食品伙伴网）

▶ 2.3.1 案例 美赞臣中国业务集团："美上加美"提升本土企业质量管理

美赞臣营养品公司于 1905 年在美国创立。作为最早一批从改革开放初期就开始全面服务中国市场的国际知名品牌，1993年美赞臣正式进入中国，在广州市设立生产基地。近三十年来，美赞臣逐步完成从中国制造到中国研发的跨步。2021年，春华资本集团收购利洁时旗下大中华区婴幼儿配方奶粉和儿童营养品业务，美赞臣中国业务集团（以下简称"美赞臣中国"）宣布正式成为本土持有、本地化管理、服务本土、独立运营的业务集团，迈入在中国发展的全新时代。2022年，本地化独立运营以后的美赞臣中国成功地收购了美可高特羊乳有限公司，美赞臣展开了对羊奶粉新赛道的聚焦。美可高特公司1994年成立于天津市，曾专心耕耘羊奶粉行业二十余年，带动婴幼儿配方羊奶粉成为中国市场上独立的产品品类，被成功收购后，公司名称由美可高特羊乳有限公司，更名为美赞臣乳业（天津）有限公司，美赞臣中国成为拥有羊奶粉牌照的国际奶粉品牌。

一、纳新：食品安全质量管理升级

美赞臣乳业（天津）有限公司为确保终产品达到美赞臣中国更严格的品质和食品安全要求，在原有质量管理基础上进行了大量的改进工作，以终为始有重点地更新了质量要求和运作机制，分别从以下4个方面，全面提升了食品安全质量管理。

在原辅料质量管理方面，作为婴幼儿配方乳粉的国际化领军品牌，对原辅料的严格质量要求是美赞臣百年品牌特有的优势和特点。在美赞臣中国接手美可高特羊乳有限公司之后，立即启动了和主要原辅料供应商的密切沟通，快速展开了多个严谨的供应商现场或在线审核，筛选出了优质供应商并协商达成一致的原辅料供货标准，在原有标准的基础上增加了100余项原辅料的入厂质量标准要求，尤其在原料的微生物控制方面，基于美赞臣百年大量的历史数据和美赞臣中国国际领先的微生物风险控制知识，原料的准入门槛被提升到更高的品质水准。美赞臣中国在快速提高现有原料质量管理要求的同时，也和国内一流供应商通力合作，为美赞臣中国的下一个新国标产品制定了主要原料高油粉OPO28质量技术标准，解决了羊乳粉行业高油粉的供给瓶颈问题。同时美赞臣中国积极参与高油酸乳清粉团体标准的制定，确保使用的高油乳清粉原料符合行业标准要求，引领婴配行业原辅料质量标准的进步。

在过程质量控制方面，美赞臣中国升级了原有工艺流程，新增X射线异物检测设备，升级了原有温控设施，更换了清洁作业区内空调系统的除湿设备，升级了车间原有功能区间布局，对原料取样间进行分隔，增设外拆包间等。美赞臣中国升级了原有环境监控要求，更新了生产卫生程序并新增了近100项微生物环境监控项目，同时完善了科学评价和纠偏程序。除了以上硬件软件的提升，美赞臣中国还通过降低产品残氧量和加密包装过程中的质量监控频次等方法，迅速提高了过程质量控制水平。

在检测能力方面，美赞臣中国对原有实验室快速进行了硬件和软件的升级。第一年度即对实验室投入上千万资金，购入更多高精的新设备，替换了20多项旧设备，检测设备设施和检测环境都得到极大的改善，同时在原有全项目检测的基础上，积极提升新检测能力并全面开展实验室比对。依靠美赞臣中国雄厚的质量技术背景和管理层支持，实验室在第一年度即完成实验室方法比对39项，改善和新增检测能力10项，新建和修订实验室管理制度27项。同时企业非常重视检测技术人员的发展和技能提升，为骨干人员安排了更多的培训和学习机会，并在实验室引入美赞臣中国的优势质量控制手段，例如，产品营养素符合性回顾评估等良好经验。通过这一系列的硬软件改善和更严谨的实验室管理措施，实验室的检测能力和管理水平都得到明显提升。

在质量体系管理方面，在原有300余份程序文件的基础上进行全面改版，并在第一年度即完成100余份程序的更新以符合美赞臣的质量体系要求。美赞臣中国组织了全体员工进行各类专项学习，以确保深入掌握法律法规和质量体系的具体要求，引入全程食品安全管理的概念，进一步加强食品安全体系管理要求。美赞臣中国前瞻性地参考国际食品安全标准并吸取乳品行业经验，完善原有食品安全管理制度和食品安全风险防控要求，例如，新增近10项国家标准要求之外的食品安全风险监控检测要求，和供应商探讨并达成更严格的一致要求，涵盖供应商管理、原料溯源、内控标准、原辅料运输等各方面细节。美赞臣中国快速组织了食品安全全面自查和应急演练计划，对本土企业的质量管理体系和食品安全管理都进行了全面梳理和改进。

二、传承：企业原有制度的保留

在美赞臣中国进行高效改善的同时，也注意到了保留企业原有的优点和稳定的质量系统。

其一，风险控制。食品安全风险控制等良好优点得到充分保留和延续。例如，风险项目监测属于美赞臣中国的优势，在天津工厂保留了原有优势，对风险项目进行每批次监测和上报，并且持续通过与原料供应商和各食品安全机构的密切合作，落实企业主体责任制，保障食品安全。质量部推动天津工厂的一线员工一起参与各类风险评估，通过评估—实施—总结这一过程，使风险控制系统不断完善提高。

其二，质量体系。工厂质量管理体系的完整性得到加强，在天津工厂质量管理体系（ISO 9001：2015）、良好生产规范（GMP）、危害分析与关键控制点（HACCP）、食品工业企业诚信管理体系（GB/T 33300）的基础上，通过不断推进内部审核和自查等方式，持续完善天津工厂的质量体系，并且在推进的过程中，进一步加强了员工的执行力，有效的执行是食品安全的关键保证。

其三，激励机制。工厂在进行以上大量的质量管理提升的同时，也充分考虑到了原有人员的稳定性和积极性。质量部新引入全新的质量月活动和质量改善项目等各种激励机制在企业展开，质量部倡导每位员工为质量负责，鼓励每位员工积极参与有价值的质量改善项目，为天津工厂整体的质量文化打造了积极向上的氛围。

其四，信息服务。美赞臣中国沿用工厂原有的追溯系统，同时不断完善追溯体系建设，在天津工厂增加了信息化管理的软硬件投入，在第一年度即增加了企业资源管理软件系统（SAP）、实验室信息系统（GLIMS）、计量称重系统（GWINS）等多个信息化管理系统。质量部响应美赞臣中国业务集团总裁对于食品行业数字化未来的期许，破除信息孤岛，推动实现数据可视化、透明化，从而提升整体工作效率，提升食品安全可视化的程度。例如，在流通环节实现百分百数据采集，实现实时产品库存与流向追踪，做到有效的市售产品信息追溯服务。

美赞臣中国将持续推动本土企业的质量管理，将日常实际工作和质量文化结合起来，延续美赞臣中国对全程食品安全一贯的高标准要求。

三、展望

美赞臣中国与天津本土企业的结合，是国际品牌本土化后全面服务中国消费者的积极探索，为国际品牌更好地实现扎根中国市场的发展提供了全新的路径和样本。在中国构建"双循环"新发展格局的历史阶段，美赞臣积极配合国家战略发展方向做出了勇敢尝试。"美上加美"的收购成功后，各种质量管理工作的迅速开展，也成功将美赞臣中国质量管理经验和食品安全风险控制能力应用在高速增长的羊奶粉新赛道上。展望未来，美赞臣乳业（天津）有限公司将秉承"给宝宝一生更好的开始"这一百年使命，致力于整合全球、本地两种资源，发挥百年美赞臣的质量管理强项和全球供应链资源优势，严格遵守国家食品安全相关法律法规，按照婴配食品良好生产规范、婴配乳粉生产许可审查细则要求，从严管控食品安全和质量管理，提供高品质产品，更好地服务于中国消费者，力争以最快的速度成为中国消费者首选的婴幼儿配方奶粉国际品牌。

撰稿：吴建懿、伍毅坚、熊辉［美赞臣营养品（中国）有限公司］

▶ 2.3.2　案例　上海市市场监督管理局：食品生产企业物料平衡检查

　　物料平衡检查是通过检查企业产品配料、物料投入、生产过程控制、成品出入库记录和生产操作规程、制度等文件，并根据产品生产工艺中每个工序的出品率，计算物料投入和制成成品之间质量是否相符，从而发现企业是否存在掺杂掺假、以次充好、投入物料与产品标签配料表不一致等问题的一种检查方式，用于弥补日常监督检查较难发现的食品欺诈问题，从而提高对食品掺杂制假、以次充好问题的打击力度，是"双随机、一公开"监督检查的重要补充手段。

　　上海市市场监督管理局于 2021 年 8 月 17 日发布了《上海市食品生产企业物料平衡检查工作指南（试行）》，这是全国首个关于食品生产物料平衡检查的工作指南，进一步完善了上海市监管部门对食品生产事中事后的监管方式，提高了监督检查的针对性和有效性。

一、食品生产企业物料平衡控制作用

　　物料平衡控制是以批次产量为基准，将采购记录、原料库存、投料记录、成品库存、领用记录和财务数据一并纳入企业质量控制范围，要求账、单、物相符，通过对物料投入产出分析，计算该批产品不同工序出品率，与工厂设计数据相比对，判断特定工艺条件下产品偏离是否在合理范围内的质量控制方法，在企业食品质量安全控制中可发挥重要作用。

　　第一，物料平衡控制有助于加强源头管控。促进企业加强原料质量安全管控，严格供应商管理，规范供应商评估和准入，加强原料验收，防止出现原料替代、剔除、非法添加等食品欺诈行为。第二，物料平衡控制有助于强化生产过程管理。通过物料平衡控制，一方面及时发现和消除可能存在的食品安全风险，验证生产过程的规范程度，从而不断完善产品配方及工艺流程设计；另一方面可以

找出成本损失环节，降低产品生产成本，直接提高经济效益。第三，物料平衡控制有助于推动数字化转型。传统的物料衡算主要是人工推算，难度大、精度低，现代的物料衡算通常需引入信息化系统，实现数字化转型，便于实时获取生产全过程信息。

二、物料平衡检查概要和执行情况

参照财务审计模式开展的物料平衡检查，从监管的角度收集企业原料进货、生产过程、库存、销售数据，结合生产过程损耗，分析实际产量与理论产量之间的吻合度，发现企业是否存在使用其他投入品的违法线索。如果把食品生产企业日常监督检查比作是一个点的话，那么物料平衡检查就是一个面。

（一）物料平衡检查背景

习近平总书记强调要切实加强食品药品安全监管，用最严谨的标准、最严格的监管、最严厉的处罚、最严肃的问责，加快建立科学完善的食品药品安全治理体系，坚持产管并重，严把从农田到餐桌、从实验室到医院的每一道防线。我国食品行业蓬勃发展的同时，食品安全问题也时有发生，在一定程度上影响着广大人民群众的身体健康。但是，监管部门在日常监督检查时，受限于时间、人员数量等方面因素，往往较难发现一些比较隐蔽的违法行为，如超范围、超量使用食品添加剂，使用回收食品原料、过期食品原料等情形，而物料平衡检查是对企业一段时间内生产过程的全面体检式检查，特别是对财务票据、货单凭证和物料数量比对的检查方式，恰好能在一定程度上发现上述较隐蔽的故意违法行为。

（二）物料平衡检查目的

第一，提高消费者饮食安全。食品安全问题一直是社会各方最为关心的热点问题之一，作为源头环节的食品生产安全尤为受到关注。尽最大努力去保障人民群众的饮食安全，既是监管部门的职责所在，也是应有的担当。通过物料平衡检查能进一步压缩食品生产企业违法空间，从而促使企业不敢、不能和不想违法，生产出让百姓吃得放心、吃得安心的食品。

第二，提升现代化监管能力。监管部门充分利用数据开展的检查方式，进一步完善了事中事后监管机制，提高了监督检查中对食品安全隐患的发现率，从而提升了监管履职能力。

第三，促进企业规范化管理。食品安全不仅是"管出来的"，更是"产出来的"。《上海市食品生产企业物料平衡检查工作指南（试行）》不仅赋能监管部门的监管手段，也赋能食品生产企业自查手段，特别是管理能力相对比较薄弱的中小微企业，对照要点开展物料衡算自查自纠，能及时消除生产流程工艺中的隐患和不足，优化企业管理机制和制度。

（三）物料平衡检查要求

一是非预先通知检查，保障检查数据和信息的真实性。

二是账、单、物同查，检查组中增加财务资料核查人员，将财务资料与凭证、记录和货物同时核查，相互验证，保障检查事实的准确性。

三是库存倒查，选取被检查对象近期库存表上1~2种主要产品，检查一年内生产的或连续不少于50批次该产品，盘点库存物料、产品，索取相关资料，进入生产现场进一步核实生产工艺，做好人员访谈，保障了检查结果的可靠性。

（四）物料平衡检查方式

第一，现场核查。涉及仓库、生产现场中与被查特定食品相关的原料、成品、在产品、不合格品及损耗料、包装材料的盘点，确认被查食品的配方及生产工艺。

第二，文件检查。涉及检查企业资质符合性、企业内控管理制度和物料平衡控制三个方面的资料。资质符合性主要检查营业执照的经营范围、实际生产的食品与许可证的食品类别的匹配性两个方面的材料；管理制度主要检查进货查验记录制度、生产过程控制制度、出厂检验制度、不合格产品及留样管理制度、食品安全召回管理制度五个制度；物料平衡控制检查相关批次食品的原料采购、生产过程、出厂检验、食品添加剂使用情况和标签标识五个方面的相关记录、财务资料，以及原料、半成品、成品之间的相互追溯关系。

第三，人员访谈。涉及了解、核实原料及包装材料的采购、验收、入库、领用、出库，以及食品配方、食品添加剂使用、生产工艺、生产过程控制、产品检验、成品入库与出库、不合格产品召回等的相关信息。

第四，物料衡算。涉及确认食品添加剂使用、标签配料表是否符合标准，配料成分是否真实，物料衡算等情况。

（五）物料平衡检查文件和内容

一是检查方案：包括检查实施时间，拟检查产品、原料、食品添加剂、包装材料等的种类、批次，编制拟定物料平衡核算表，确定组员分工等，同时要求对原料、限量添加的物料等重要原料制定衡算标准，包括计算公式和偏差限值。

二是现场核查记录：包括采购、生产、贮存、销售等环节的记录、财务资料及原始凭证，包括采购信息核查表、原料查验及入库信息核查表、原料及产品入库信息核查表、内包装领用核查表等。

三是物料平衡核算记录：记录物料平衡核算的过程和结果，包括食品添加剂合规核查、配料及标签合规核查表、出品率核算表等。

四是检查结果反馈表：用于向被检查的企业反馈检查结果。

五是检查报告：对特定食品生产企业实施物料平衡检查后形成的报告，包括企业概况及资质符合性结果、检查任务来源及方案、物料平衡检查结果、食品添加剂使用检查结果、原料出入库管理检查结果、原料配方及投料检查结果、内控制度建设及实施情况、存在问题和改进建议等。

《上海市食品生产企业物料平衡检查工作指南（试行）》通过附件提供了相关表格和范例，保证物料平衡检查的可操作性。

（六）物料平衡检查执行情况

2018年，针对高风险食品生产企业，上海市金山区市场监督管理局开始探索基于"物料平衡"的食品安全审计工作，借助第三方审计机构，对企业一定时间段内原料采购发票、成品销售发票与生产相关记录进行核对开展物料平衡审计检查。通过几年的持续摸索，基本形成了由食品和财务专业人员联合组成检查组，对食品生产企业产品账、单、物吻合性同查的物料平衡检查模式。

2020—2021年，上海市开展物料平衡检查企业共33家，未发现掺杂掺假、使用过期食品作为原料生产食品、添加禁止添加的化学物质、超范围超限量使用食品添加剂等严重违法行为，但也发现了中小微企业一些不符合项目，主要问题如下。

其一，实际投料与标签配料表不一致。表现为：一是实际投料未添加某物料，但在该产品标签配料表上标示该物料；二是实际投料添加了某物料，但在该产品标签配料表中未标示该物料；三是实际加入量不超过2%的配料，加入量的递减顺序与该产品标签配料表上的递减顺序不一致。

其二，账、单、物不符。表现为一是仓库物料少于账单或记录物料；二是仓库物料多于账单或记录物料，显示企业管理较混乱，出现账单、记录和仓库物流信息之间不匹配。

其三，管理制度落实不到位。表现为一是进货查验管理问题，如物料在生产投料或使用记录上有记录，但是该批次物料在进货查验无相关记录；二是生产过程控制问题，如无投料记录，不能有效追溯产品生产使用物料的批次和数量，各工序之间存在物料数量差异较大，不能说明理由等；三是仓库管理问题，如原辅材料未建立出入库记录等。

在检查过程中，除了发现问题之外，也发现物料衡算管理比较完善的情形，例如，部分企业基于信息化系统开展物料衡算，通过相关职能部门协同配合，保障企业成本控制和食品安全，具体操作为，研发部门将配方和工艺参数录入信息化系统并对相关数据予以锁定；生产部门各工序追溯和复核前道工序生成的二维码信息，录入本工序生产产品的数据信息；信息化系统实时对采集到的数据进行物料衡算，发现异常时发出预警、停止生产，生产、研发、采购、质量控制等部门立即启动原因调查、实施整改，整改到位后才恢复生产。

三、物料平衡检查建议

物料平衡检查有助于推进企业食品质量安全控制，但部分中小微食品生产企业还不了解物料衡算或者不了解物料衡算对企业的价值，该食品质量安全控制方式还没有在企业得到全面落实，为加强物料平衡检查，提出以下建议。

第一，推进食品生产企业生产过程的信息化建设。通过信息化建设推动企业完善食品安全生产全过程记录的准确性和完整性，促进物料衡算在生产质量控制中的运用。

第二，鼓励企业建立和完善物料平衡自查制度。根据产品物料用量和损耗率，对相关物料数据进行追踪管理、检查和验证，对发现的问题进行原因分析，及时整改。

第三，建立不同产品在不同工序中出品率数据库。根据数据库标准，检查人员在检查具体食品时与相关产品和工序出品率进行比对，提高发现问题的专业能力。

第四，将物料平衡检查作为政府监管部门监督检查的手段。可以根据企业信用分级情况，对信用较差的企业，增加物料平衡检查频次，不断推进企业食品安全主体责任的落实。

第五，加强业务培训，提升企业物料衡算能力。开展物料平衡检查知识线上或线下培训以及经营交流，提升企业管理人员物料平衡检查的能力。

2.4 问题：全程控制与智慧农安

食品安全的源头在农产品，基础在农业，必须正本清源，首先要把农产品质量抓好。食用农产品质量安全监管涉及的品种多、链条长，在新时期，构建"从农田到餐桌"全程监管的制度和机制具有重要的意义。近年来，各地均在积极探索建立食用农产品质量安全全程监管机制，特别是 2020 年以来，全国各地都由农业农村部门和市场监督管理部门联合发文，共同推动这项工作。但地方在工作实践中也遇到了一些问题与困难，亟须加快食用农产品质量安全全程监管的顶层设计研究。基于现有的立法规范和监管体制，当前我国从农田到餐桌的全程监管链条，被分为两段，由农业农村部门和市场监督管理部门分段负责，在部门衔接问题、全程监管制度、技术支撑保障方面存在着一些问题亟待解决。

第一，关于部门衔接的问题。目前食用农产品质量安全全程监管在内外部门衔接上存在的主要问题有两方面。一方面，部门协作需要加强。虽然各地已经探索建立了产地准出与市场准入衔接、食用农产品质量安全行刑衔接等机制，但还需要进一步在国家部委层面强化顶层设计，健全工作机制。另一方面，内部合作有待强化。在农业农村部门的内部系统中，农产品质量安全涉及监管、执法、监测、产业等多个部门，存在职能交叉、重复管理等问题，发现问题与快速解决问题机制还不顺畅，风险隐患难以及时解决。

第二，关于全程监管的问题。在食用农产品质量安全全程监管过程中，源头治理、过程管控、责任落实等方面均存在突出问题。一是在源头治理中，主要存在的问题包括特定农产品严格管控区域划定不清楚，多部门监管等；农业投入品网络销售存在经营主体资质亟待规范、监管职责界限区分不明的问题；地方农业标准制修订在制标和贯标方面存在不一致的问题。二是全程管控方面。在"三前"（即食用农产品从种植养殖环节到进入批发、零售市场或生产加工企业前）环节中，农产品收贮运环节一直是监管的模糊地带，存在监管盲区，有较大的风险隐患。另外，收贮运主体流动性强、主体信息不明确，缺乏有效的监管措施。三是责任落实方面。食用农产品承诺达标合格证制度没有充分发挥作用，尽管具备溯源凭证基础，但是市场上很难见到。一旦发现问题农产品，由于缺少溯源信息，难以溯源到具体的生产经营主体和生产产地。

第三，随着党和国家机构改革的推进，基层部门合并整合，在农产品质量安全监管支撑保障方面也存在着客观问题。一是有的地方乡镇监管服务机构被整合进农业综合服务中心，且大多未保留监管站牌子。机构整合后的乡镇监管人员编制削减，任务增多，监管员专职少、兼职多，导致基层监管缺少有力抓手，农产品质量安全监管成为"空中楼阁"。二是农产品质量安全检验检测机构不断被整合或撤销，其中大部分为县级质检机构。

有鉴于此，食用农产品质量安全全程监管治理亟需从部门衔接、制度保障、法律支撑等方面建立协作机制，完善相关制度等。

第一，农业农村部门与市场监督管理部门之间应进一步加强统筹协调，形成食用农产品质量安全监管合力，建立起产地准出与市场准入的无缝衔接机制。健全产地环境监测评价制度，预防因产地土壤、灌溉用水等环境因素带来的问题隐患；加强农业投入品网络销售监督管理，严防禁用药物、假劣农资通过网络流入市场；建立不合格产品信息、问题案件线索双向通报机制，确保通报的问题产品来源明确；着力推动在案件联合执法、行政执法与刑事司法衔接等方面建立会商机制，加强协作配合。

第二，健全以食用农产品承诺达标合格证制度为核心的全程监管制度。食用农产品承诺达标合格证制度试行实践探索证明，合格证制度贯通了农产品生产、收购、流通、入市、销售等各个环节，环环相扣、层层负责，一旦在各环节出现农产品质量安全问题，将通过合格证快速回溯产品生产源头，追查问题责任主体。建议应强化承诺达标合格证与市场准入要求中的可溯源凭证和产品质量合格凭证衔接，构建以食用农产品承诺达标合格证制度为核心的全程监管制度，并以承诺合格为主、检测验证为辅，采取强制规定和自选动作相结合，进一步完善监管全链条。

第三，推动建立健全食用农产品质量安全全程监管机制。收储运主体一端链接农产品生产者，一端链接市场，在农产品流通过程的质量安全管控、把关中扮演着非常重要的角色，聚焦收储运等中间环节是管好农产品"三前"质量安全的关键。然而，农产品收储运环节的质量安全监管在全程监管链条中却是相对比较薄弱的环节。现实中，农产品流通数量大，更多的经营主体参与到收储运环节中，经营主体有的是农户自身，有的是个体商贩或者是农产品收储运企业等，经营主体多而复杂，质量安全风险隐患比较大。建议以新

《农产品质量安全法》贯彻落实为契机,在农产品生产企业、合作社等规模化生产主体,产地收购者、收购储运服务点等收储运主体中,遴选一批守法守信,农产品质量安全管控有力,依法落实承诺达标合格证制度要求,能够对种植养殖户、供应商发挥带动、指导、服务作用的主体,授予"守信商"等称号或者牌匾。重点培养"守信商",使其成为区域农产品质量安全主体自治、社会共治的主力军。

评析:朱莹(中国农业科学院农业质量标准与检测技术研究所)

▶ 2.4.1 案例 嘉吉蛋白中国:食品安全全程监管与高效追溯

嘉吉公司成立于 1865 年,是一家集食品、农业、金融和工业产品及服务为一体的多元化跨国企业集团,业务遍及全球 70 个国家和地区,拥有员工 160000 多名,嘉吉的使命是以安全、负责任和可持续的方式滋养世界。

嘉吉蛋白中国(Cargill Protein China)由美国嘉吉公司于 2011 年投资设立,在安徽省滁州市建设运营集饲料生产、孵化养殖、禽肉初加工和深加工于一体的全产业链项目。该项目投资总额达 5.5 亿美元,包括了 1 座饲料厂、1 座孵化厂、2 座青年种鸡场及 8 座产蛋鸡场、24 座肉鸡场、1 座初加工厂和 2 座深加工厂。整个产业链满产状态下每年可加工 6480 万只活鸡,生产出 17.6 万吨生鲜、冷冻鸡肉产品和 6.5 万吨全熟、半熟产品。嘉吉蛋白中国严格遵守国家现行法律法规,并执行嘉吉全球的食品安全标准,全产业链建立了完善的食品安全质量管理体系并持续有效运行,确保了嘉吉产品的质量安全符合法律法规、嘉吉以及客户的要求,实现了连续 10 年食品安全零召回,取得了政府、客户及行业内的高度认可。以下主要从食品安全质量系统设计、追溯案例及未来计划和发展 3 个主要方面对嘉吉蛋白中国食品安全全程监管进行阐述。

一、食品安全质量系统设计

嘉吉蛋白中国运用嘉吉全球经验构建统一的食品安全质量管理体系，从养殖、加工到产品运输，我们在供应链的每个环节均采用现代先进的操作方法。所有工厂均全面实施了 HACCP 体系，并获得了食品安全体系认证（FSSC 22000）和 ISO 9001 认证，嘉吉蛋白中国不断实践、勇于创新，努力完善自身食品安全管理。在系统设计方面，主要通过以下 5 个方面的完善制度来保障全产业链的食品安全、质量和法规符合性。

（一）全产业链药物残留管理制度

嘉吉蛋白中国对药物残留的控制建立有严格的管理制度，所有药物供应商在进入嘉吉蛋白中国系统、成为合格供应商之前，均需要被纳入嘉吉全球供应商管理系统中，或者是通过嘉吉蛋白中国供应商管理团队的专业审核，确认供应商的管理符合嘉吉蛋白中国食品安全质量管理要求，由食品安全质量法规总监最终批准确认后，方可成为嘉吉蛋白中国系统中合格的供应商。所有养殖过程中使用的药物，包括饲料中添加的药物，100%来自合格的药物供应商，药物成分完全符合中国用药标准要求，并经过食品安全质量法规总监和中国兽医经理的批准。所有兽药在使用时也必须执行严格的使用管理制度，包括兽医处方制度、休药期管理制度，以及用药管理制度等，100%确保药物使用的规范性。除了对于养殖过程中的用药实行严格的管理制度外，对于全产业链各工厂员工的个人用药方面，嘉吉蛋白中国也建立有完善的员工用药管理制度，并配备有资质、专业的医务人员严格控制和管理员工的用药，避免因员工用药不当导致交叉污染。此外，嘉吉蛋白中国还建立了药物残留验证制度，运用风险评估工具，基于法规要求、实际用药情况、客户要求、历史表现及公共安全等因素，每年对药物残留风险进行全面评估，识别出不同等级的风险，制定药物残留检测计划，由通过中国合格评定国家认可委员会（CNAS）认证的中心实验室专业检验团队，对每批产品进行层层把关和验证，确保走出嘉吉蛋白中国的产品全为放心鸡肉，为客户提供安全放心的产品。

（二）高效的食品安全质量追溯制度

准确、诚实地记录是嘉吉全球的七大指导原则之一，是嘉吉蛋白中国每一位员工都必须遵守并严格执行的指导原则，也是嘉吉蛋白中国每一位员工的行为准则。准确、诚实的记录可以帮助嘉吉蛋白中国建立从农场到餐桌全过程的信息可靠性和透明度，通过饲料批次，可以精准追溯到包括原料信息、加工过程信息、成品信息、发货信息等在内的所有信息；通过鸡苗批次，可以精准追溯到包括种蛋信息、鸡苗信息、父母代信息、饲料信息、养殖信息、药物信息、疫苗信息等在内的所有信息；通过肉鸡批次，可以精准追溯到包括肉鸡来源信息、屠宰加工信息、成品库存信息、销售信息等在内的所有信息；通过原料肉批次，可以精准追溯到包括原辅料信息、加工过程信息、成品库存信息、销售信息等在内的所有信息，确保嘉吉蛋白中国对整个供应链的每个环节均拥有高度的控制能力，为食品安全和产品溯源提供强有力的保障。

（三）供应商及外部生产商管理制度

嘉吉建立了全球供应商管理系统，使嘉吉全球各地的公司都能将供应商的评审结果进行共享，优化了供应商的审核流程，有助于在全球范围内筛选优质供应商。此外，嘉吉设置了严苛的审核员选拔程序，严把供应商的审核关口。通过完善的供应商和外部加工商的评估、审核、批准和管理体系，确保不会因物料或供应商的使用而引入食品安全、质量、法规、转基因及宗教等方面不符合要求的风险。通过选择安全可靠有保障的供应商，保护消费者和客户品牌，保证产品符合嘉吉的要求，给市场提供最放心的产品，确保广大人民群众"舌尖上的安全"。

（四）法规符合性管理制度

遵守法规是嘉吉全球的七大指导原则之一，嘉吉蛋白中国建立了食品安全法规部门，专职负责食品安全法规的符合性工作，指导和规范各项业务的运营，确保产品符合法律法规的要求。利用嘉吉食安平台、行业及全产业链下游资源，对全产业链各工厂相关人员针对最新发布的法律、法规、标准、公告以及即将实施的标准等法规动态，进行月度更新，有效保障嘉吉蛋白中国法规更新和监控的及时性和有效性。产品合规性管理方面，在产品设计和开发阶段，即引入法规小组成员进行产品符合性评估，确保所有风险尽可能在产品设计之初便得到有效控制。针对全产业链各工厂法规关注点的差异性，嘉吉蛋白中国食品安全法规部门还制定了有针对性的法规内审标准，并定期对全产业链进行法规符合性审核，以验证法规标准执行的适宜性、符合性和有效性。对外，嘉吉蛋白中国聚焦食品质量安全，关注行业创新发展，为农业和食品产业链的各相关方提供交流平台，分享行业知识和优秀实践，共同助力行业发展，为客户创造独特价值，为消费者提供安全、美味的食品。

（五）全方位的食品防护制度

嘉吉蛋白中国建立有完善的食品防护系统，覆盖外部供应商、加工过程、储存运输等全过程、各环节，通过每年至少一次的全面评估，持续优化和完善。嘉吉蛋白中国通过工厂进出管制、车间进入批准、员工关系管理、道德热线电话等途径，确保人员管理的有效性；通过在主要生产和储存场所、车间内外部人流/物流出入口等关键区域安装监控系统，并配备专职安保团队进行全程监控，食品安全质量法规部门定期抽查验证，确保监控系统的有效性；在供应链管理方面，通过建立原辅料运输、接收和储存等管控制度，利用铅封、GPS定位及温度监测系统等工具，确保运输途中食品防护的有效性。

二、创新"区块链"，食品安全数字"嘉"

作为中国首家入驻国家动物健康与食品安全创新联盟食品信任追溯平台的企业，嘉吉蛋白中国与国家动物健康与食品安全创新联盟保持密切合作，将白羽鸡产业链的养殖、加工、包装等全过程的数据与国家动物健康与食品安全创新联盟的追溯平台实现无缝对接，使信息完全公开透明，共同打造食品安全生态圈。嘉吉旗下品牌太阳谷正在售卖的 RWA（Raised without Antibiotics，不使用抗生素）童子鸡作为首个食品信任追溯平台推荐模拟测试的产品，利用嘉吉全产业链的运营模式，成功实现全产业链食品安全质量管理信息的追溯，既可以帮助消费者全面了解到嘉吉 RWA 童子鸡在养殖全程中的饲养模式、生长环境、加工和存储等信息，又能让消费者了解到 RWA 童子鸡在养殖过程中的独特之处——不使用任何抗生素。嘉吉蛋白中国入驻的全产业链食品安全追溯平台融合了"高效+透明"的理念，依靠物联网、云计算和人工智能等新兴科技打造而成，利用区块链技术不可篡改的特性，使"从农场到餐桌"整个过程的数据和信息都能得到良好保护并保持高度透明。同时，一旦发生食品安全或者产品质量异常情况，也可以快速、准确地找到涉及范围内的所有产品，确保影响范围可控或彻底消除。

三、未来计划与展望

无论是在食品安全质量系统制度设计环节，还是在食品安全质量管理要求落实推进过程中，嘉吉蛋白中国通过不断创新、持续探索新的技术手段和风险评估工具，一如既往地保障全产业链的食品安全，在为广大消费者提供更加安全、营养的食品上，嘉吉蛋白中国的追求，从未止步。

（一）数字化技术赋能

高效的食品安全管理除了依托团队强大的信念，与时俱进的管理方式也至关重要。为了提升团队管理效率，嘉吉蛋白中国近年来在嘉吉全球制造卓越体系的引导下，逐步引入了 ROTEM（鸡舍环控系统）、CAT2（数字化运营管理系统）等数字化管理系统，为生产运营、食品安全、供应链等部门建立体系化、标准化的组织流程，促进团队协同效率，同时激发员工潜能，赋能一线管理团队提升解决问题的能力。ROTEM 通过对鸡舍通风、环境温度、饮水饮食、喷雾消毒、灯光等系统的实时监控，并在出现异常情况时，通过报警系统帮助监管人员及时发现异常问题，快速响应，有效管理。CAT2 是一款生产执行系统，主要用在食品企业生产运营管理中，可精确统计企业生产运营中的实时数据，提升可靠性管理，提高产品产成率和生产效率，管理食品安全和产品质量及实现产品追溯。

在全面部署数字化战略后，数字化技术提供了更前沿的洞察和分析能力，同时也实现了可观的价值创造和成本节约，让嘉吉蛋白中国能够始终为客户提供优质的产品和服务。在嘉吉蛋白中国接下来的战略规划里，数字化系统的继续推广，并更广泛地运用在嘉吉蛋白中国全产业链的食品安全质量管理系统中，也将是必然趋势。

（二）食品安全质量文化持续驱动

食品安全质量文化可以由内而外地改变甚至约束人们的行为，是企业的"灵魂"，可以把员工紧紧地黏合、团结在一起，使他们目的明确、协调一致。嘉吉蛋白中国自 2019 年起在全产业链推广食品安全质量文化建设项目，将企业本身的特质，与"全心服务客户"的理念宗旨相结合，打造了一系列专属嘉吉蛋白中国特征的食品安全质量文化活动，现阶段已经取得较好的结果，接下来，嘉吉蛋白中国会继续在全产业链推动食品安全质量文化建设工作，通过文化驱动，激励、提升各级管理人员和一线员工在食品安全质量工作上的主人翁精神、责任感以及管理、执行能力，确保食品安全质量和业务的可持续发展。

综上，嘉吉蛋白中国致力于做安全、健康、美味和可持续发展的蛋白产品领导者，从农场养殖开始贯彻严格的食品质量安全把控，到生产、加工、物流运输等各个环节，严格遵守食品安全法律法规要求，建立完善的食品安全和动物健康福利管理体系，并通过不断的科技创新，积极实施数字化管理系统，以先进的数字技术加强供应链的稳定性和可靠性，进一步提升食品安全质量管理体系，实现可持续的卓越管理，保障全产业链食品安全。这些努力帮助嘉吉蛋白中国赢得市场的认可，也让嘉吉蛋白中国成为食品安全领导力典范。

撰稿：谢志新（嘉吉蛋白中国食品安全质量法规总监）

▶ 2.4.2 案例 北京优鲜测科技有限公司：农安云脑

优鲜测是北京达邦食安科技有限公司专注质量安全大数据服务的全资子公司，也是国内面向农业产业提供第三方质量安全服务的专业机构。公司自 2012 年以来，逐步形成了完整的"顶层农安云脑+中层全程管控+底层协管服务"质量安全整体解决方案，拥有全国最大的农业标准指标数据库（9 万余项全文标准、50 余万个产品指标、3000 余万条结构化数据）和生鲜供应链数据传输追溯发明专利等技术成果 22 项。优鲜测是 GB/T 39058—2020《农产品电子商务供应链质量管理规范》国家标准、T/GDNB 6.1—2020《粤港澳大湾区"菜篮子"平台产品质量安全指标体系 蔬菜》和 T/GDNB 6.2—2020《粤港澳大湾区"菜篮子"平台产品质量安全指标体系 水果》团体标准、DB51/T 2484—2018《农产品质量安全网格化移动监管建设规范》地方标准主要起草者，2019 年凭借《绿色优质农产品（三品）质量安全控制技术应用与推广》获得 2016—2018 年度全国农牧渔业丰收奖一等奖。

公司先后服务江西省农产品质量安全大数据智慧监管、农业农村部检验检测能力验证系统建设和大数据分析、国家市场监督管理总局风险监测大数据处理分析、四川省农产品质量安全风险监测大数据平台建设和数据分析、上海市农产品质量安全风险监测大数据平台建设和数据分析、粤港澳大湾区"菜篮子"平台产品质量安全数据指标整理分析和标准体系建设、全国蔬菜质量大数据平台建设和数据分析等项目，共服务 200 余个县级农业部门、6000 余家检测机构，以及 2 万余家生产经营企业，是农业农村部全国农垦稻米质量提升行动、全国蔬菜产业质量提升行动、陕西洛川苹果产业质量提升行动实施者。

一、"农安云脑"：助力企业合规与监管执法

（一）研发动因

安全优质的农产品是消费刚需。《食品安全法》与修订后的《农产品质量安全法》，对农产品供应链全链条各主体都有严格的监管要求和严厉的处罚措施，一旦产品入市监管抽检不合格，轻者重罚，重者入刑。对于广大采购企业而言，由于农产品交易链条长，生产源头难触达，如何保障供应链质量安全，如何选购到优质农产品，实现销售免责，降低被处罚的风险，提升用户信任，痛点强烈。对于农业生产企业而言，大多数缺乏质量安全专业能力，如何依标生产，对标检测，保证产品达标合格，实现优质优售，普遍困难。而县乡农产品质量安全监管部门，虽然是质量安全监管前哨，但普遍缺乏专业技能、缺乏专门工具，对于如何实时评价各产业、各企业质量安全真实状况，如何实时预警质量安全风险隐患，需求急迫。

产、管、销三方在农产品质量安全管控上的能力参差不齐，以及质量安全信息的严重不对称，迫切需要构建立足生产基地、基于供应链视角、运用数字化技术的质量安全全程管控解决方案，以及在此基础之上的开源共享数据中心。"农安云脑"是北京优鲜测公司历经十年打造而成的农产品质量安全数字引擎。优鲜测通过建设海量农业食品标准数据底座，构建基地依标管控、产品对标检测核心系统，研发供应链数据传输专利技术，建立质量评价算法模型，已成为农产品生产者、采购者、监管者三方的质量安全大数据应用中心。优鲜测的目标愿景是"让安全食品触数可及"，以"平台+数据+服务"的组合方式，为农业部门提供大数据监管和二方协管服务，为生产企业提供大数据评价和检验检测服务，为采购企业提供大数据调用和选品集采服务。

（二）技术赋能

"农安云脑"是基于农产品供应链质量安全数字化全程管控 SaaS（软件即服务）平台的大数据服务方案。通过将互联网、大数

据技术与农产品质量安全标准指标、基地巡查、产品检测、全程追溯等质量安全监管制度深度融合，研发了质量安全立体化评价算法模型，开发了质量安全数字化全程管控与大数据分析评价技术，可有力保障农产品质量安全管控体系受控、透明运行。

1. 知规

知规的实践路径是建立海量农业食品标准数据库，以实现农产品标准指标智能推送与自动更新。

标准发布后，标准使用者一般并不能及时知晓行业或产品相关的标准动态，导致标准不能有效执行，管理部门、生产经营者也常因执行修订前或废止标准而违规。虽然也有机构建立标准数据库，但现有标准数据库只收集标准文本，缺乏标准间的关联引用关系，更没有抽取每项标准中的关键数据指标。标准使用者只能登陆不同网站查询，而且只能通过标准名称逐项查询文本，不能进行关联查询并快速构建标准体系，更不能查询标准文本中的具体指标，无法实时知晓本行业、本企业相关标准动态。作为应对之策，主要做法是收集整理国内 1400 多个农产品类别的 8 万余项农产品标准，建立了标准间网状关联引用关系，抽提核心技术指标 50 余万条，构建了3000 余万个结构化标准指标数据库。研发了以产品为单元、以产业链各环节为链条的质量安全标准体系自动构建技术。根据不同生产主体的不同产品属性标签，建立"千人千面"个性化数据归集算法模型，基于微信应用功能，建立了用户精准识别、标准精确推送、数据自动比对查重与实时更新技术。本技术成果一是建成了国内最大的指标级农产品标准数据库。二是将标准使用人员的标准获知方式由被动查询变为自动、精准、个性化获取，大大解放了标准应用人员。

2. 合规

合规的实现路径是建立农产品基地巡检系统和终端，以实现农产品标准化生产高风险行为快速识别预警。

部分基层监管人员和生产企业管理人员缺乏质量安全专业技能，难以正确、有效地执行质量安全法规标准。上级部门对于企业生产中的风险行为无法掌握，违规用药等质量安全问题突出。因此，"农安云脑"通过拆解农产品质量安全管理法规标准，基于生产经营主体视角，建立了质量安全生产管理标准操作规范7套，制定关键控制点70余项。以标准规范和关键控制点为基础，利用移动互联网技术，研发了农产品质量安全标准化生产对标查验系统，开发了企业生产过程质量安全风险行为的快速识别预警技术，使各级管理人员、内控人员均可对标查验纠偏，并能自动计算各风险行为的等级程度，实时向行业管理部门自动预警。"农安云脑"的创新点包括，一是将生产者质量安全风险行为进行定义和量化，率先实现了标准化生产对标巡查工具化，使管理部门和生产企业都可对标查验、实时取证、量化评价。二是首次实现了质量安全高风险行为的自动识别和自动预警，极大提高了生产过程中的风险隐患发现能力，有效规范了企业生产过程，降低了质量安全违规风险。

3. 达标

达标的实现路径是建立检验检测在线管理系统，实现了农产品检验检测高风险因子快速识别预警。

传统管理方式下，检验检测数据依靠手工计算、手工判定、手工填报，管理部门检测人员工作量大、错误率高。企业送检，通常并不知晓产地准出和市场准入监管标准要求，检测项目并不能满足采购商要求。同类系统虽然也可归集检测数据，但无法实现自动判定、自动计算、自动研判和自动预警。鉴于此，基于农产品质量安全定量检测、定性检测两种场景，制定了检测仪器开放接口数据标准，研发了农产品质量安全定量检测数据管理系统、快速检测仪器数据接入系统、第三方在线委托检测系统，开发了食品安全国家标准指标动态对比方法，开发了农产品检验检测高风险因子快速识别预警技术，实现了各级各类质量安全检测数据的自动归集、自动判定，质量安全高风险因子的自动识别、自动计算、自动预警。这一创新点在于一是平台基于高风险项目，集成整合相关检测标准指标，对接第三方检测机构、政府监管检测站点，生产企业可一键下单检测，实时收取检测动态，获知检测报告和数据，并能与合格证追溯系统自动关联对接。二是检测人员只需要填写检测样品名称和实测数值，该技术可自动归类样品类别，自动对比食品安全国家标准限量值，自动判定检测结果，自动归集检测数据，自动预警风险隐患。

4. 透明

透明意在建立区块链合格证追溯系统，从而实现了农产品质量安全数据在供应链多主体间无缝传输与多级追溯。

传统的追溯技术只适用于单一主体的最小预包装农产品，不能解决农产品在多级分销、多次分装场景下，交易链上多交易主体间的数据传输和追踪溯源问题。"农安云脑"基于农产品供应链视角，通过运用区块链技术和弱中心化数据存储方式，以供应链各交易主体为数据节点，以各节点为质量安全数据源，将各节点及节点数据"串珠成链"，创造性开发了全新的追溯技术。生产者可一键出码，采购商可扫码索证，农产品不论包装与否、经历多少交易主体，产品质量安全数据都可在供应链各交易主体间逐级叠加、无缝传输，自动建立全程追溯链条。这首次基于农产品多级分销、多次分装的供应链交易场景，使供应链各主体可自动建立上下游关联追溯关系，每个操作主体均可继承上游环节信息并能独立记录本级信息、独立打印加贴标签，从而形成完整的追溯数据链。消费者扫描终端零售商产品二维码，可以查看供应链各环节全部交易主体和该环节质量安全数据，真正实现了"从农田到餐桌"全程追溯、全程透明。"农安云脑"已获得技术发明专利授权。

5. 可视

可视是指建立了农产品质量安全大数据算法模型，实现了质量安全实时评价预警。

传统管理方式下，上级部门依赖下级部门上报数据，决策周期长、时效性差，数据真实有效性难以确认并计算工作量大，研判慢。同类应用系统只能实现对某一个条线工作的业务统计，不能立体化综合分析研判风险隐患。为此，优鲜测研发包括多源异构数据清洗、归集技术，借助大数据可视化技术，建立了区域质量安全评价算法模型、产业质量安全评价算法模型、企业质量安全评价算法模型等质量安全大数据考核评价规则和算法模型200余个，对企业质量安全进行立体评价。这一创新实现了对农产品供应链各主体农产品质量安全状况的立体化、层级化、实时化考核评价，真正做到了质量安全考核评价和预报预警"一幅图"管理。

（三）应用场景

1. 生产企业应用场景

生产企业应用"农安云脑"解决方案以及检验检测生态服务伙伴，可以实现依标生产、对标检测，并能掌握各基地的质量安全情况，实现产品出场达标合格、带数入市，满足市场准入监管要求。

2. 采购企业应用场景

基于"农安云脑"底层数据，采购企业除了可以使用区块链合格证追溯系统扫码索证索票，获取产品数据，实现销售免责外，还可应用采购商版质量安全可视化大数据，实时查看供应链上游各主体质量安全集成数据和评价评级结果，实现"货未到，数先至"，大幅降低产品到仓管控成本和风险。对于大型采购企业和电商平台，"农安云脑"丰富的 API 开放接口，还可对接企业内部 ERP 系统，供二次应用和呈现数据，实体店产品价签、电商平台详情页面，都可自定义显示供应链追溯数据。

3. 监管部门应用场景

各级农产品质量安全监管部门可以应用"农安云脑"对不同地区、不同产业、不同企业质量安全进行绿色安全区、黄色预警区、红色警告区三区划定，可使各级管理部门实时考核下级部门质量安全监管任务完成情况，实时评价各产业各企业质量安全真实情况，实时预警质量安全风险隐患，实现质量安全考核评价和预报预警"一幅图"管理。

二、江西泰和县某鸡蛋企业应用案例

江西泰和县某鸡蛋企业是当地产业化龙头企业，有数百户合作养殖农户。该企业也是"农安云脑"江西省农产品质量安全大数智慧监管平台入驻企业。蛋鸡因为养殖密度高，防控要求严格。同时，鸡蛋也是市场监管重点产品，抗生素残留容易超标。一旦检出超标，不论是经销企业还是生产企业不仅面临重罚，品牌价值也将遭受较大损失。如何管控分散合作农户，确保其合规养殖，既能满足农产品质量安全监管要求，又能满足采购商索证索票和质量追溯需要，是该企业的迫切需求。

"农安云脑"标准数据库，基于蛋鸡和鸡蛋国家标准、行业标准、地方标准，建立了蛋鸡全产业链标准体系，定制了鸡蛋产品指标数据库，基于企业标准指标，自动对比预警，自动更新蛋鸡标准体系。为有效管控合作农户依标准养殖，该企业基于"农安云脑"的基地巡检系统，以及内置的质量安全管控关键控制点，可对数百家合作养殖农户进行常态化巡查，并向管理层实时预警养殖中的违规风险隐患，由管理层通过系统下发指令到企业内控员，及时纠偏。

真实、有效的检验检测报告和数据是采购商进货查验的重点。按照规定，供应商需要按批次提供法定检测机构出具的检验检测报告，生鲜产品还需要按批次提供快速检测报告。在过去，该企业需要多方咨询检测项目，而面对广大采购方，该企业还需要复印出具大量检测报告和数据，检测管理成本高昂，而"农安云脑"提供的在线检测服务系统，较好地解决了上述问题。其中，兽药残留免仪器 AI 智检小程序，以及配套定制的高风险兽药残留快检项目试纸条，可以低成本快速检测农兽药残留，并能在线管理数据；第三方检测服务小程序，可根据不同产品配置不同的检测项目包，生产企业可一键下单至后台检测机构，并能实时关注检测过程，在线收取检测报告。

为解决检测报告和数据向供应链下游快捷传输和追溯问题，"农安云脑"创新研发的区块链合格证追溯小程序，将第三方检测报告和企业快速检测报告自动关联至产品追溯二维码。企业销售产品时，采购商使用合格证追溯小程序扫码即可自动获取检测报告数据，完成索证索票，自动建立追溯链条，并能二次出证出票。而当地农产品质量安全监管部门，使用江西省农产品质量安全大数据智慧监管平台，则可基于算法模型对该企业进行全方位评价评级，评价优秀者，可优先享受财政项目资金和销售渠道支持。

三、展望

未来，优鲜测希望打造下沉基地的合规管理合伙人体系，为生产企业提供管家式贴身服务，将"农安云脑"建成农产品质量安全大数据开源共享中心，成为广大采购企业的源头活水和选品依据。

撰稿：杨明升（北京优鲜测科技有限公司）

2.5　问题：食品安全与抽检监测

食品安全抽检监测作为国际通行的一种食品安全监管技术支撑手段，在各国食品安全监管体系中都是一项基础性制度安排，并在食品安全问题识别、食品合规性验证、食品安全标准制定等日常食品安全监管工作中发挥了重要作用。目前我国已经建立了较为完备的食品抽检监测制度，相关制度可以分为两个层级。一是《食品安全法》，其作为食品安全和食用农产品安全的上位法对食品抽检监测工作做出了原则性规定。二是承担食品抽检监测工作的相关部委则以部门规章的形式出台了具体的、可操作性的规定，如《食品安全抽样检验管理办法》进一步夯实了我国市场监管领域的食品抽检监测工作的制度基础。

从我国食品抽检监测制度安排的意义来说，一是促进我国食品安全治理体系和治理能力的提升。随着我国食品抽检监测制度的不断完善，各项食品抽检监测工作的不断深入，其在食品监管工作中发挥的作用越来越显著。特别是2018年党和国家机构改革后，国家市场监督管理总局明确了食品抽检监测工作的内涵外延，将其分为监督抽检、风险监测和评价性抽检三类，完善了食品抽检监测的功能和作用。经过近几年的实践，已经初步形成了多部门分工明确，多种抽检形式并行，国家、省、市、县四级联动的食品安全抽检监测体系，食品安全抽检监测和风险应对能力不断增强。进一步强化了我国食品安全治理体系和治理能力的提升。

二是促使食品安全生产经营企业落实主体责任。食品合规性验证是食品抽检监测的重要功能，《食品安全法》要求对食品定期和不定期进行抽检检验，并公布检验结果，不得免检。各级食品安全监管部门对抽检不合格样品信息都要进行公开，并对相关企业进行核查处置，加之不得免检的规定，从制度安排上对食品生产经营企业形成了强大震慑，倒逼企业落实主体责任。

三是促进食品安全监管决策科学性的提升。食品抽检监测结果是对食品中存在问题的直接表征，长期开展食品安全抽检监测工作会积累大量数据，可以部分反应食品安全系统性、区域性和长期性问题，这些都是食品安全监管决策的重要依据。

当前，我国食品抽检监测工作依旧面临如下挑战。其一，食品抽检监测工作需多部门协调。食品抽检监测工作涉及部门较多，不光有多个部委的参与，而且也有国家、省、市、县四级抽检，虽然抽检监测的侧重点不同，但这种横向和纵向的多部门抽检体系，导致具体抽检工作的交叉重复在短时间内难以避免，如多个部委都有自己的风险监测目标，而且都会制定相应的抽检计划。这必然存在食品类别、监测项目、生产经营企业等要素的重复，因此，如何加强部门间的协调，实现抽检监测计划制定的统一协调，以及数据共享，是未来食品抽检监测工作面临的挑战。

其二，如何体现预防为主的理念。预防为主是我国食品安全监管的重要理念，在《食品安全法》中也有明确的规定。就食品抽检监测而言，通过抽检在早期识别潜在食品安全问题，是其预防为主理念的重要体现。从食品抽检监测类型来看，监督抽检由于是食品安全标准内项目的检测，检测项目的范围有限，发现潜在风险的能力较弱，需要加强数据分析，特别是大数据的分析，才能更好地识别系统性、区域性问题，而风险监测是对没有食品安全标准的风险因素的监测，更能体现预防性监测的理念。因此，强化数据分析，充分发挥风险监测的作用，体现预防为主的理念，是食品抽检监测工作未来的发展方向。

其三，抽检样品代表性问题。食品抽检监测并不是对所有食品进行抽检，而是抽取一定样品来反应整体状况，因此样品的代表性就显得尤为重要，如果样品没有代表性，就无法反映食品安全的真实状况，那么抽检监测工作的目的就会大打折扣。特别是我国幅员辽阔，经济差异、地域差异、城乡差异等现实状况使得样品代表性问题更加突出。

评析：罗季阳（中国检验检疫科学研究院食品危害分析与关键控制点应用研究所　高级工程师）

▶2.5.1　案例　湖州市市场监督管理局：食品安全"抽、检、研、处、控、服"一体化建设

湖州市市场监督管理局于2019年1月重新组建，是主管全市市场监督管理工作的市政府工作部门。部门职能涉及面广、综合性强，涵盖了工商行政管理、食品药品监管、质量技术监督、知识产权监管、商品服务价格监管等多方面业务。作为湖州市政府重要的行政管理部门，在全市持续优化营商环境、保障公平有序的市场竞争、维护人民群众身体健康和生命安全等方面发挥着重要作用。

一、食品抽检分离改革的背景与成效

食品安全监督抽检是食品安全监管的重要技术手段和制度保障，可以有效地发掘潜在食品安全风险，严格把控治理方向，精准打击违法犯罪。传统的监管体制中，食品抽检职能分散在各环

节的食品监管处室和执法队，存在着检管衔接不紧、抽检靶向不准、基层抽检力量不足、数据分析应用不深等问题。湖州市市场监督管理局机构改革后，新成立的食品抽检处统一了抽检职能，并贯彻落实浙江省市场监督管理局提升抽检效能的实施意见，全面推进食品抽检分离改革。2021 年，长兴县市场监督管理局以数字化手段为支撑，开展基层一体化综合治理模式试点和规范化建设。该改革立足于基层监管部门"人少、事多、分工不清"的实际情况，坚持资源整合、系统集成。2022 年，全市铺开试点的经验做法，进一步巩固建设成果，探索建立"抽、检、研、处、控、服"一体化的基层综合治理体系，从机制上解决监管部门"各自为政"的弊端，不断将"抽检处""研控服"向纵深推进，形成抽检、预警、研判、执法等食品安全监管工作的协同运行机制，实现基层监管效能水平的有效提升。

（一）建立健全体系机制，巩固组织架构

湖州市不断修订更新制度文件，加强各类软硬件设施配置，推动"抽、检、研、处、控"一体化工作更上一层楼，形成稳健有序的工作体系和风险综合治理模式。一是完善组织架构。结合全市食品安全风险预警交流体系建设，进一步明确县级食品安全风险综合治理中心职责，整合食品安全监管相关业务科室、检测中心、基层分局（所）和快检等资源，实现集中办公，推动实体化运作。二是健全制度机制。各区县进一步修订了抽检分离、核查处置、风险研判、备样处置等工作制度以及抽样人员、核查处置人员行为守则，并优化了抽样设备、样品交接、样品存储等工作流程，确保样品安全有效、交接规范。三是加强力量配置。推动有条件的区县率先进行食品安全风险综合治理中心扩建，进一步扩大办公面积、细分功能房，新增专职抽样人员，提升中心的软硬件实力。针对 2022 年核查处置填报工作全部在浙江省市场监督管理局一体化平台和手机App 上操作的新要求，以视频会议、工作群答疑等方式开展业务培训，确保核查处置工作高效开展。

（二）大力提升抽检效能，打造专业抽检

继续在"抽、检、研、处、控、服"各环节上下实功，点上用功、面上发力，全面提升抽检效能以服务日常监管。

1. 统筹谋划，"抽""检""处"有序推进

做好抽检计划有助于提高问题发现能力。这需要从解决人民群众普遍关心的食品安全问题入手，以餐饮食品、自制食品、水产品等高风险食品和食用农产品为重点品种，以连续发生问题企业和隐患地区为重点区域，加大对农兽药残留、微生物污染、非法添加和滥用食品添加剂等突出问题的抽检力度。2022年，湖州市市场监督管理局不仅及时制定和出台了《2022年全市食品安全抽检监测计划》，并以快筛为抓手，发现不合格或问题食品64批次，不合格率为4.58%，暂列全省第一。由此而来的"抽""检""处"经验归结如下。

一是抽得精准。专门成立2~3人的快检筛查队，形成"快速粗筛问题方向"加"监督靶向抽检"的食品抽检新模式，推动监督抽检更精准。2021年，不合格率较前年上升了0.21%，达到3.66%，分布于15个食品大类63个细类。2022年以来，增加了直观的食品标签及其明示指标等项目，使得不合格率进一步上升0.92%。抽检精准性全面提高，为精准治理提供"数据源"。二是检得公正。按照"双随机、一公开"要求，通过"互联网+监管"和浙江省市场监督管理局一体化平台随机确定抽样人员和抽样对象，切断抽样人员与被抽样相关方信息关联渠道。检测环节全过程实行"盲检"制度，对接收样品、样品制作和检验检测进行分离，全程"背靠背"食品抽检分离，提高检测公正、公平、科学。2022年所有抽检批次全部实施双随机和盲检制度，规范了抽检全流程，2021年至2022年6月，共抽检17482批次，未发生过抽检过程公正性的异议。三是处得高效。建立不合格食品、问题食品分类分级处置机制，对定期检测和专项整治中发现的不合格食品追根溯源，依法严肃处置违法行为。建立核查处置制度机制，不合格食品核查处置时间规定在80日内完成，问题食品核查处置时间规定在45日内完成，全面推动核查

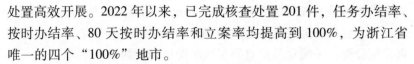

处置高效开展。2022 年以来，已完成核查处置 201 件，任务办结率、按时办结率、80 天按时办结率和立案率均提高到 100%，为浙江省唯一的四个"100%"地市。

2. 科学治理，"研""控""服"相互促进

数字化平台通过建模分析和系统集成，将"多、散、杂"的抽检数据转化为食品安全指数和风险预警，梳理出重点品种、重点行业，找出区域性、系统性风险问题。

一是及时分析，科学研判。湖州市市场监督管理局抽检处和秘书处对 2021 年度全市食品抽检的数据及时进行汇总整理，形成抽检年度分析报告，梳理风险隐患清单，每季度组织召开食品安全风险预警交流会，整理形成输入型、本地型和输出型的风险隐患清单，共梳理出 5 个风险点，并按照区域分列出 18 个小点，为靶向整治举好"指挥棒"。

二是研控结合，推进治理。对隐患风险清单进行深度分析研究，第一时间下发专项整治行动通知，明确部门或监管科室整治要求、整治任务、整治分工以及整治效果，立足抓典型案例、办大案要案，强化区域性、系统性风险的治理，确保整治"五个到位"（产品控制到位、原因排查到位、整改落实到位、行政处罚到位、信息公开到位）。2021 年全市配套整治开展了包装饮用水、集中配餐单位、政策性粮食等专项抽检 200 余批次。

三是发挥优势，服务发展。联合食品安全监管职能处室和食品检验技术机构，实地走访了 2021 年抽检不合格食品生产企业 13 家，强化行政指导。针对产品生产工艺特点，协助企业分析原因、排查隐患，现场指导检验过程，提升企业出厂检验能力。通过检验手段和系统技术资源优势，不断服务地方经济发展。

（三）科学构建信息畅通互联，创新协同治理

通过不断迭代升级的数字化平台对抽检数据的精准梳理分析，确保各类数据信息的高速流通和共享，形成风险综合治理大网络格局。

一是加强信息共享，强化预警交流。成立由市级预警交流中心、区县级综合治理中心和交流监测站点组成的三级风险预警交流网络。

实现三级风险交流预警深度融合，真正实现风险数据的横向整合，推动城乡食品安全数据的有效应用与交流，最大程度地提高抽检数据使用价值，实现食品信息跨层级、跨区域、跨部门共享，进一步推动部门协同监管。

二是加强平台运用，强化数字赋能。依托湖州市市场监督管理局"破五多"（五多指投诉多、纠纷多、风险多、舆论多、事故多）数字平台和区县市场监督管理局"食品安全风险综合治理数字化平台"，通过系统集成和建模分析，将"大而散"的各类风险数据转化为食品安全指数与风险预警图，再通过风险会商等形式实施风险精准研判，梳理风险清单，实现抽检数据与精准研判的协同，真正精准定位风险。

三是加强精准治理，强化风险闭环。深入梳理前期通过研判发现的区域性和系统性风险点，合理安排部署各环节风险隐患治理工作，从原来"大而散"的治理转变为"小而精"的靶向治理，采取回头看、跟踪抽等形式，排查湖州市相关风险隐患点位，实现闭环管理。2022年以来，全市核查处置应办案件数201件，按时办结率和立案率均为100%。

二、风险快筛队：以粗筛推动精准抽检

风险快筛队从县食品药品检测中心抽调人员建立，兼具风险研判队及食品抽样队部分特点。该组织成立初衷是作为食品抽样先锋队，针对食品安全监管领域摸排潜在问题食品、不合格项目风险点，提高监督抽检的靶向性，为精准抽检提供方向。

（一）风险研判，聚焦隐患风险

风险快筛队成立以来，基于日常监测、抽样过程中发现滥用食品添加剂、销售过期食品、小作坊微生物污染等问题进行专项监测。利用"浙江省食品安全综合治理协同应用"平台、湖州市市场监督管理局"破五多"数字平台、食品伙伴网等平台，收集全国各地已经发布的各类食品安全抽检信息与数据，定期进行汇总分析，研判出食品安全风险品种，梳理出具有系统性、区域性的重点风险隐患

清单。以自制发酵面制品的专项抽检为例，抽检的精准化即得益于风险研判、风险快筛等先行准备的合力支持。

（二）快速粗筛，推动精准抽检

通过前期的风险研判，风险快筛队对辖区内 4 个街道 11 个乡镇的自制发酵面制品进行大范围排摸，主要以早餐店作为风险对象进行样品锁定，初检样品 300 批次，聚焦潜在风险，为后期县局专项监督抽检下好"先手棋"。经检测人员检验分析，发现不合格食品 25 批次，县局食品抽样队在全县开展自制发酵面制品专项监督抽检任务，抽样 71 批次，经检测，共有不合格样品 19 批次，主要问题是超范围和超限量使用食品添加剂。最严重的某油条样品中的铝的残留量（干样品，以 Al 计）超过限量标准 6 倍，达到了 769 mg/kg。

（三）风险会商，实现靶向研判

县综合治理中心立即组织卫生健康、农业农村、公安、综合执法等部门召开食品安全风险研判会，通过深入分析抽检数据报告、现场交流自制发酵面发现的问题、集中研判风险隐患，梳理形成风险隐患清单，同时召集综合执法队、食品监管科室和各基层监管所召开专项整治会议，布置风险隐患治理工作。

（四）高效处置，实现协同闭环

市场监管、行政执法、公安等多部门联合开展自制发酵面制品专项整治，严厉打击超范围使用甜蜜素、糖精钠等食品添加剂、超限量使用含铝泡打粉等违法违规行为，在此次专项整治行动中责令改正 33 起，立案查处 22 起，其中移送公安机关 5 起。各监管部门通过"照单"整治、靶向治理改造对相关食品行业进行监督。

三、展望

综上，通过风险快筛队的前期风险研判与风险排摸，切实提高了监督抽样的针对性和有效性。为不断提升食品抽检权威性、公平性、规范性、科学性、系统性，增强监管工作公信力，风险快筛队迈着扎实的步伐"跑"在风险前。在此基础上，下一步的工作重点安排如下。

第一，进一步深化县域一体化建设。完善优化食品安全风险治理中心和食品安全"抽、检、研、处、服"一体化建设，加大专业抽检力量投入。充分发挥"一中心三队"（一中心指食品安全风险综合治理中心，三队指食品抽样队、风险研判队、核查办案队）作用，形成食品抽样、数据汇集、风险研判、核查办案、数字赋能、综合治理、技术服企"七位一体"的食品安全精准治理模式，提升基层食品安全现代化治理能力。设计全局性任务和阶段性目标，为改革把好方向引好路，扎实有序推动改革部署落实到位、风险监测及时准确、综合治理有效彻底。

第二，进一步完善风险交流平台。通过应用"互联网+"技术，以食品安全风险综合治理数字化平台和"破五多"数字平台，进行数据集成建立食品安全风险交流预警平台。将在湖州市食品药品检验研究院建立湖州市食品安全风险交流预警中心，以区县检测中心或秘书处为基础建立县级中心，实现两级风险交流预警深度融合，真正实现风险数据的横向整合，推动城乡食品安全数据的有效应用与交流。并通过智慧大屏进行展示，实现预测预警、联动协同、信息共享等功能。

第三，进一步探索协同闭环机制。食品安全风险综合治理中心统筹协调三支队伍的分工协作。在风险研判过程中，强化会商交流，定期梳理"点"与"面"的风险信息，形成隐患清单，由各环节监管来"照单"治理防控风险，以不合格核查办案为挖掘食品行业的潜规则的突破点，严厉打击使用非食品原料和滥用食品添加剂生产经营食品等行为，涉及犯罪的，进一步强化核查处置案件中行政执法与刑事司法的衔接过程的技术指导，从而彻底消除风险隐患，实现治理闭环。

第四，进一步服务地方产业经济。充分发挥食品抽检专业技术力量作用，以"技术促发展"，强化对食品行业和重点企业的指导，帮助企业发现漏洞，提升食品安全自我管控能力，着实解决真正的实际问题。结合"浙食链"数字化平台继续做好"链上点检"数据比对工作，以"全程检验+溯源管理"倒逼食品生产企业产品出厂"真检验"、检验结果"真数据",提升食品安全保障水平。围绕"三服务"工作,加大对地方特色食品产业、公共品牌、知名食品抽检监测工作,使问题早发现、快解决。积极参与"放心消费在湖州"领域食品抽检监测服务保障工作,助推地方特色食品高质量发展。

撰稿:鲍金荣、杜跃祖(湖州市市场监督管理局),姚颖杰(长兴县市场监督管理局)

▶ 2.5.2　案例　Intertek天祥集团:第三方检测助推企业合规管理实践

Intertek天祥集团是全球领先的全面质量保障服务机构,始终以专业、精准、快速、热情的全面质量保障服务,为客户制胜市场保驾护航。凭借在全球100多个国家(地区)的1000多家实验室及分支机构,Intertek天祥集团致力于以创新和定制的保障、测试、检验和认证解决方案,为客户的运营和供应链带来全方位的安心保障。Intertek食品部为食品行业提供测试、认证、感官评定、验货、培训等服务,为餐饮、酒店、电商、食品工厂、食堂、商超等食品相关领域提供全面的质量管控方案,确保产品或餐饮环境符合要求,为食品安全保驾护航。

随着消费者对食品质量和安全的重视,食品企业中合规管理的需求越来越多,特别是近几年电商进入食品赛道,优秀的合规管理人员更是成为抢手的岗位。作为一家第三方检测服务机构,日常接触最多的就是企业的合规管理人员,目前合规管理人员供不应求,因此越来越多的企业采取采购合规服务的形式来协助企业自身合规及提升合规管理人员的能力。Intertek天祥集团作为专业的第三方检测机构,在传统检测、认证、审核服务的基础上为助推企业合规管理提供全新服务。

一、助力企业合规的多维服务

（一）法规清单维护及咨询服务

企业要保证符合法律法规的要求，需要知道有哪些法规是企业适用的，建立自己的法规清单，还需要更新维护。我国正在不断完善食品安全法规体系，因此相关法律法规标准的更新十分频繁，企业往往会发现，法规清单一直在定期维护，但是审核时还是发现有失效的法规，这也是企业合规管理的难点之一。针对这个问题，Intertek天祥集团有专门的技术支持团队为企业提供定制化的服务。服务内容包括，一是每月提供与客户相关的法规清单（包括法律、法规、规章、规范性文件）和标准清单（包括通用标准+食品产品标准+食品相关产品标准+生产经营规范标准+检验标准）；二是日常合规咨询。Intertek天祥集团为协议客户提供24小时在线的法规咨询服务，随时为客户提供咨询，例如，客户对于标准、法规细节的理解，客户遇到实际案例时如何对照法规进行应用等。其中最多的就是关于基础标准的分类问题，以及标签合规的咨询。

（二）食品部培训中心助推企业合规人员能力提升

面对快速变化的外部环境，企业合规管理人员需要积极地进行外部沟通与交流，不断通过外部学习提升自己的专业能力，包括专业知识、管理知识和应用知识。Intertek培训计划（详见图2-8）涵盖广泛的行业领域，并可以根据客户的个性化需求进行定制，授课方式便捷灵活，包括公开课培训、企业内训、网络培训、视频培训等多种培训服务。企业可以选择适合的培训方式，通过在Intertek天祥集团办公地点、企业现场或者网络在线参加课程和研讨会。Intertek天祥集团时刻掌握国际和地方性法规的进展，了解企业和法律的符合性要求，以及良好的生产和操作规范等，始终站在法规和标准资讯传递的最前沿。Intertek天祥集团的专家拥有丰富经验，可以确保企业的关键人员、管理层和供应商了解最新的法规符合性要求和技术知识等。通过系统全面的培训和推介方案，Intertek天祥集团与企业分享专业知识，帮助企业及其供应链了解法规要求，协助企业合规管理人员的能力提升。

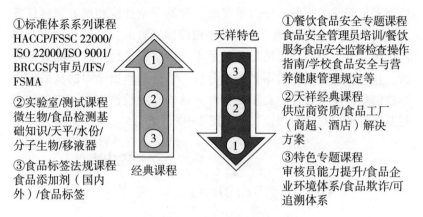

①标准体系系列课程
HACCP/FSSC 22000/
ISO 22000/ISO 9001/
BRCGS内审员/IFS/
FSMA

②实验室/测试课程
微生物/食品检测基
础知识/天平/水份/
分子生物/移液器

③食品标签法规课程
食品添加剂（国内
外）/食品标签

经典课程

天祥特色

①餐饮食品安全专题课程
食品安全管理员培训/餐饮
服务食品安全监督检查操作
指南/学校食品安全与营
养健康管理规定等

②天祥经典课程
供应商资质/食品工厂
（商超、酒店）解决
方案

③特色专题课程
审核员能力提升/食品企
业环境体系/食品欺诈/可
追溯体系

图 2-8　Intertek 天祥培训课程

"Intertek 云课堂"是 Intertek 天祥集团食品部为满足专业客户需求所开发的在线培训平台。客户通过在线平台，利用碎片化时间即可自主学习专业课程并获得培训证书/证明，尤其是在疫情期间，线上网络和视频培训越来越普遍。同时，Intertek 天祥集团也推出了基于 VR 全景技术的展示和培训平台，可以让客户有更好的培训体验。

（三）微信公众号助推食品安全舆情系统建立

Intertek 天祥集团食品部微信公众号助推企业食品安全舆情系统的建立，内容包含不局限于如下内容：法规/标准解读——深化对法律法规的解读，把握重点方向；食品抽检情况分析；出口违规通报（贸易预警）；消费/产品选购指南；食品安全舆情事件分析（事件背景介绍、法律法规层次解读、测试方案、如何预防与优化管理，例如，餐饮客户遇到餐饮行业相关舆情事件及相关法规更新等）。另外，Intertek 天祥集团还支持协助客户建立自己的舆情系统。

（四）多元的检测服务助推发现食品安全风险

1. 定制化产品测试管理方案

如何制定企业的外检计划是每个合规管理人员的必备功课，在竞争激烈的当下，如何用最少的经费发现最多的风险也是摆在合规管理人员面前的难题。作为承接政府食品安全抽检和风险监测任务的检测机构，Intertek天祥集团每年跟踪国家食品安全抽检计划及抽检结果，对公布的检测结果尤其是不合格结果进行多维度的数据分析，并与自身检测的数据做对比分析，掌握更新更全面的食品安全抽检信息，便于为客户提供更有针对性的专业检测方案，协助其合规及更好地应对政府抽检（详见图2-9）。

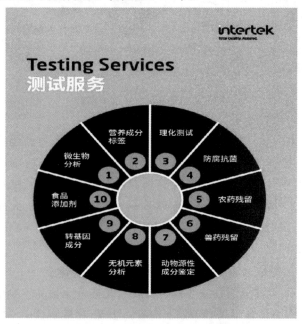

图2-9　Intertek天祥多元测试服务

同时，在多年的检测服务中Intertek天祥集团积累了海量的检测数据，针对客户的需求推出定制化产品测试管理方案，针对生产型企业客户，识别产品在原料端、生产端及销售端可能出现的风险来源，建立相应的产品测试管理方案，建议完善的风险控制计划，避免监督处罚，且在项目执行过程中，会分阶段做出数据分析，对结果进行解读，判断风险点，并给出控制建议，内容包含如下：产品年检，即检测产品、送检频率、检测指标等；特殊送检（如市场异常或供应商异常）。针对平台/商超客户，结合历年国内监督抽检结果及 Intertek 天祥集团行业数据分析结果，识别政府监管可能会督查的风险点，根据产品风险等级，建立相应的测试管理方案，避免受到监督处罚，内容包含如下：新品检测方案、平台抽检/货架抽检方案、专项抽检方案［如季节时令产品、典型食品舆情事件（掺杂、掺假、非法添加问题）］、特殊抽检（消费者投诉、政府抽检不合格、第三方机构抽检不合格、突发事件）。

2. 快速检测助推更快速的风险控制

近年来，随着消费者逐步提升对食品安全的关注度，政府开始鼓励流通领域食品安全自检并制定了相关方针政策，而生鲜产品又具备流转速度快、消费周期短等食物特性，这些因素使流通领域快速检测应运而生。项目优势：与固定实验室检测相比，不受场所限制，可实地快速检测。覆盖领域：化学有害物质检测、微生物快速检测、农药残留快速检测、兽药残留快速检测等。

3. 食品标签合规性审核服务

Intertek 天祥集团可以为企业提供产品配方、标签审核及咨询服务，一方面避免企业出现非法添加、超范围超限量使用食品添加剂等行为；同时，通过标签审核及合规建议，可以有效避免因标签问题带来的行政处罚及消费者索赔。对于进口食品或者处于研发阶段的产品，Intertek 天祥集团能够提供可行性评估及建议，帮助企业从源头进行合规管理。

二、助力企业合规的典型案例

（一）多维服务助力企业上市风险管控

近几年，生鲜业务被称为电商的最后一块"蓝海"，成了各路资本的"掘金地"，生鲜电商发展迅速，某生鲜电商创立于 2017 年 5 月，合规管理团队大概有 300 多人，企业创建之初 Intertek 天祥集团就为其提供企业合规综合服务，是其最重要的合规供应商，也一路陪伴企业合规团队的成长，该客户采购了法规清单维护及咨询服务、食品部培训中心助推企业合规人员能力提升、微信公众号助推食品安全舆情系统、多元的检测服务助推食品安全风险发现 4 个类型的合规服务，实现了快速发展并于 2021 年成功上市。

1. 实验室检测方面。客户的产品几乎都是生鲜，生鲜产品的农兽残检测法规变化大，要求也越来越严格，如果全筛选，势必成本很高，而客户自身的品牌理念是通过高效的管理给消费者提供更优的商品和更低的价格。Intertek 天祥集团针对客户的需求，发挥大数据积累的优势，根据客户不同类型的生鲜产品订制了专门的精简检测套餐代替全项目筛选农兽残套餐，并提供定期的结果分析，帮助其进行供应商的评价和管理，实现了低成本、高问题发现率，与客户的低价好货的理念完美契合。

2. 快速检测。很多电商是自行检测，但是管理上往往有一定的困难，人员流动大，问题发现率低。客户采购了 Intertek 天祥集团的服务后，Intertek 天祥集团为其提供了水产品的大仓驻仓快检，异常结果实验室快速复核的服务，且发挥实验室管理的经验，对于各地的快检实验室统一化管理，统一进行耗材的验证和验收，对人员进行定期的盲样考核，确保不同实验室的质量水平一致。确保了不合格产品被及时发现，在大仓就被截流，无法流入市场，客户的产品网页上会同步展示快检结果。

3. 该客户的合规团队庞大，人员扩增和流动也是每个电商不可避免的问题，为了人员的能力提升，客户采购了食品部培训中心的年卡，随时随地可以在云课堂学习相关的合规课程，Intertek 天祥集团也定期为其订制一些新的专题培训，例如，功能性食品添加剂的法规等。每年客户设定的食品安全主题月培训，Intertek 天祥集团的讲师是主力培训讲师。

（二）全面质量保障为品牌赋能

为了帮助企业凸显合规责任意识、指导消费者购买决策和保障消费者利益，以独立检测的权威性和专业性，保护消费者健康、畅享安心生活，Intertek 天祥集团推出的三叶草安心标志，表示该产品型号经过 Intertek 天祥集团的专业检测，更放心。为了与消费者之间

建立信任，很多客户与 Intertek 天祥集团达成了紧密合作，Intertek
天祥集团为客户提供了产品安全测试、性能测试、检验及审核体系、
法规标准解析等全面质量保障，从而确保消费者能获得更放心、更
舒适的购物体验（详见图 2-10）。

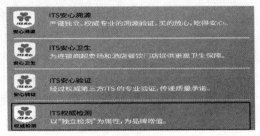

图 2-10　Intertek 天祥集团三叶草安心标志

三、未来展望

Intertek 天祥集团从客户处了解到许多新的质量需求，这些需求
有可持续发展、电子商务、健康与安全、合规监管、供应链风险管
理和数字化等趋势。Intertek 天祥集团一直是创导者，未来会坚持公
平公正，秉承精准、快速和热情的服务宗旨，致力于以领先于行业
的创新解决方案超越客户期望，为客户传递信任，风险管控，品牌
赋能。

撰稿：沈晓燕（Intertek 天祥集团全国实验室高级经理）

 问题：食品营养与特殊食品

随着经济社会的快速发展以及科学技术的不断提升，人民的生
活水平日益改善，老百姓对营养健康的需求不断增强。2016 年，中

共中央、国务院印发了《"健康中国2030"规划纲要》，随后国务院办公厅印发了《国民营养计划（2017—2030年）》，明确要以人民健康为中心，以普及营养健康知识、优化营养健康服务、完善营养健康制度、建设营养健康环境、发展营养健康产业为重点，关注国民生命全周期、健康全过程的营养健康，将营养融入所有健康政策，提高国民营养健康水平。特殊食品作为特殊人群（婴幼儿、老年人、亚健康、特殊医学状况人群等）营养支持或机体调节的产品，越来越受到消费者的关注，其产业呈现出快速发展的态势。现阶段，居民营养不足与过剩并存、营养相关疾病多发、营养健康生活方式尚未普及等问题依然存在。同时，特殊食品生产经营主体责任尚未充分压实、相关制度和顶层监管体系与时俱进亟须优化完善，特殊食品产业发展空间巨大。

第一，完善营养法规政策标准体系，加强营养能力建设。我国营养立法工作相较于发达国家和地区起步较晚，从而导致营养改善工作相对滞后。目前我国颁布的均为营养政策性文件，尚未颁布一部营养法律，影响顶层统筹特殊食品相关制度的设计。要大力推动特殊食品产业发展，需进一步开展营养相关立法的研究工作，健全营养法规体系。同时，加强营养科研能力建设，例如，研究完善食物、人群营养监测与评估的技术与方法，研究制定营养相关疾病的防控技术及策略，开展营养与健康、营养与社会发展的经济学研究等。

第二，强化科技创新驱动力，提升特殊食品产品品质。当前我国特殊食品产业面临的突出问题是产业发展不平衡、不充分，例如，保健食品产品同质化现象严重，婴幼儿配方食品配方大同小异等，归根结底还是创新能力不足、自主研发能力不强。市场规律表明，高科技、高品质、高标准、高质量是特殊食品产品立足于市场的核心竞争力，更是特殊食品企业能长远发展的动力。要大力推动特殊食品产业发展，就需以科技创新为动力，引领产业优化升级、强化产品核心竞争力，通过建立全面的膳食营养科学体系，植入先进的科技要素，引领产业走向高新技术精准营养研发阶段，从过去的

"产品跟随者"转变为如今的"技术引领者",促使我国特殊食品产业发展的路径越走越宽广。

第三,优化科普宣传路径,提高特殊食品社会认知。现阶段,部分消费者对特殊食品的认知较浅,尤其是对相关产品的定位模糊不清。例如,不能区分"保健食品"与"保健品"的范畴,不能正确理解保健功能释义,误认为保健食品是"神药",具有治疗、预防疾病的功效,对特殊医学用途配方食品在临床治疗中的营养支持作用不能理解等。若要真正发挥特殊食品的社会价值,首先必须正确认识特殊食品。利用行业协会和行业专家,组织编写特殊食品科普宣传素材,向广大消费者普及特殊食品基本知识,讲解如何正确识别标签标识、如何消费维权等,提升公众科学素养,揭露各种欺诈套路和虚假宣传,引导消费者自觉抵制"健康牌、亲情牌、礼品牌"等类型的销售陷阱,提高防范意识,科学理性消费。

第四,压实企业主体责任,强化社会共治。近年来,我国食品安全形势日趋向好,尤其是特殊食品的抽检合格率稳定在99%以上,通过体系检查反馈的问题来看,主要问题多为生产经营行为不合规。食品安全是"管"出来的,政府方面,一方面完善相关法规制度,尤其是在广告宣传、营销方式等方面完善法律法规,另一方面推行多部门联动,实现监管无死角,在现有政策体系有力支撑背景下,加强政策宣传贯彻和实施,同时鼓励研发创新,强化社会共治。食品安全归根到底是"产"出来的。企业方面,食品生产经营者应真正当好食品安全的第一责任人,始终绷紧"安全"这根弦,把保障食品安全作为企业生存发展的首要任务,遵守法律法规、健全管理制度、合法生产经营、加强诚信建设、承担社会责任是企业义不容辞的责任。此外,行业组织方面,作为政府与企业的桥梁和纽带,进一步担负起行业自律的责任,积极协助监管部门的监督管理工作,督促引导企业落实主体责任,坚守守法诚信经营底线。

评析:田明(国家市场监督管理总局发展研究中心研究员)

▶ 2.6.1　案例　汤臣倍健：合规能让企业行稳致远

汤臣倍健创立于 1995 年，2002 年系统地将膳食营养补充剂引入中国非直销领域。2010 年 12 月 15 日，汤臣倍健在深圳交易所创业板挂牌上市，并迅速成长为中国膳食营养补充剂领导品牌和标杆企业。汤臣倍健主要从事膳食营养补充剂的研发、生产和销售。

汤臣倍健创立 20 多年来，一直高度重视食品安全工作，通过强化质量控制理念和建造品控严格的生产基地——透明工厂，当好食品安全保障的"第一责任人"。2018 年，董事长梁允超将历年来汤臣倍健质量控制的基本理念归纳为八大质量控制理念，视为企业生存和发展的压舱石。汤臣倍健八大质量控制理念如下。

1. 国家标准和法规仅仅是一个最低的要求和底线，汤臣倍健要全面超越国家的标准。

2. 违规的红线绝对不能碰、不能想、不能有侥幸心理，想了都有罪。法律法规上不违规但明知有健康风险的，同样不能干！同样不可饶恕！

3. 舌尖上的行业就是刀尖上的企业，永远头顶一把刀，天天如履薄冰，不敢有丝毫松懈。质量是食品企业的生命线，市场可能连一次犯错的机会都不会给你。

4. 质量问题归根结底是企业"人品"的问题，而不是钱和技术的问题。人在做天在看，对每一个生命都永存敬畏之心。

5. 以任何冠冕堂皇高大上的原因去牺牲或增加质量风险，这不只是在耍流氓，这实实在在就是流氓。包括效率、效益、成本、市场断货等等因素。一切都为质量让道，任何原因在质量面前都不应该成为理由。

6. 确保品控的专业权威和独立性，与业务切割开。

7. 字字践行"不是为客户而是为家人和朋友生产全球高品质营养品"的理念和品牌 DNA。自己的小孩、家人和朋友不敢吃的产

品，绝对不能生产，绝对不能出厂门！

8. 诚信比聪明更重要，诚信乃透明工厂立厂之本，100 吨重的诚信之印就是一面明镜伫立在面前，永远警示着汤臣倍健每一个人。

一、以透明工厂为核心的生产和质量管理体系

汤臣倍健透明工厂是技术先进、品控严格的膳食营养补充剂生产基地之一，通过了透明工厂管理体系认证。作为国家 AAAA 级旅游区，汤臣倍健透明工厂对公众开放，也对同行业开放，做到全球原料可追溯，生产过程透明化。截至 2022 年 6 月，已接待超过 108 万名公众参观。

（一）智能制造

2013 年，汤臣倍健提出"智能制造"的想法，经过 6 年研究，通过打通企业资源计划（ERP）、生产制造管理（MES）、实验室管理（LIMS）、防伪防串（DTS），原料和成品仓库管理（WMS）、仓库控制系统（WCS）、供应商协同系统（SRM）、能源管理系统、数字可视化系统（BI）等系统之间数据流，并集成应用在罐装粉剂连续生产线、片剂连续生产线、数据采集与监视控制系统（SCADA）、自动引导运输车（AGV）、立体仓、螺旋输送机、机器手臂等，落地了 5G+AI 等多个场景，实现订单预测、物料、生产、检验、仓储、能源、财务等各个业务环节系统化的管控和智能交互，实现信息快速共享、传输、处理和审批决策。口服固体片剂大规模连续化、智能化生产线也正式投入使用，将离散的工艺布局从硬件、软件方面首次真正意义上整合在一起。

（二）追溯体系

汤臣倍健配备仓库管理系统、生产制造执行系统、防伪追踪系统，采用无线射频技术和全方位的条码管理，实时采集数据，全程记录从物料入库、存储、领料、生产、检验到销售等各个环节，形成从原料跟踪至成品或成品反溯至原料的可查询体系。

（三）检测能力

汤臣倍健建立了 5000 多平方米的高标准检测中心，投入 3000

多万元配备了全球先进的检验仪器设备，开展的检测项目 770 多个，检测方法 2400 多个。公司检测中心通过中国合格评定国家认可委员会（CNAS）认证，全面达到 ISO 17025 实验室国际认可标准，确保检验数据的权威与公正性。2017 年，更是通过了世界上具有较大影响力的国际能力验证机构分析实验室的能力验证（FAPAS），提高了实验室检测能力和检测水平，确保检测质量。汤臣倍健对所有成品、原料、辅料及包装材料等物料，制定了包括各类重金属、微生物等多项严于国家标准的企业内控检验项目，每批次物料和产品全部检测合格才能投入使用或出厂销售，打造让消费者放心的高品质产品。

（四）质量管理体系建设

本着"第一次做对"和"零缺陷"的质量文化，公司通过了 ISO 9001、ISO 22000、ISO 14000 等体系认证和有机产品认证；通过危害分析，建立了关键控制点体系，并结合信息化系统各项功能（仓库管理系统、制造管理系统、实验室管理系统、ERP 系统），实现全过程产品质量数据的追溯；通过变更、偏差、内审自查、危机处理、投诉处理及召回等制度保障质量保证体系运行的规范和食品安全。

（五）质量授权人制度

食品安全涉及产品从生产到运输储存等各个环节，因此生产经营者是保证食品安全的第一责任人。汤臣倍健实施质量授权人制度，即首席质量官制度，最大化的提高质量管理地位，强化公司质量管理力度。该制度充分保证了质量职能的独立和否决权。食品安全管理及检测人员占比超过工厂总人数的 15%，承担公司质量体系维护、内审、供应商管理、过程质量监控以及物料产品检测等各项职责。同时，各部门各级人员落实质量责任制，各项质量绩效指标与部门业绩考评直接挂钩。

二、实施"科学营养"战略，向强科技企业转型

膳食营养补充剂行业的健康持续发展，既需要坚守合规，又要重视产品创新。创新能不断满足消费者对高质量产品的需求，同时赋能企业，推动行业健康持续发展。

在建立了成熟的质量管理体系基础上，2014年起，汤臣倍健执行功能性自主创新研发战略转型，用8年时间取得了创新新功能产品和PCC1基础研究等的阶段性科研成果。未来，汤臣倍健将持续实施"科学营养"战略，计划再用8年时间，初步完成向强科技企业的转型。

截至2021年12月31日，汤臣倍健已获得287项原料及配方等专利，开发出关节健康产品、心血管健康产品、肝脏健康产品等一系列重功能产品。在此基础上，发力新原料、新功能、新技术，布局精准营养、抗衰老等前瞻性基础研究领域，为用户创造更大的健康价值。

（一）基于"科学营养"战略，向强科技企业转型

汤臣倍健实施"科学营养"战略，持续打造汤臣倍健"硬科技"产品力和科技竞争力优势，赋能膳食营养补充剂行业科技含量，带给膳食营养补充剂行业增量价值。"科学营养"战略实施将高度聚集科技核心竞争力打造。具体实施体现在三个方面：原料和配方的自有发明专利；新功能、重功能配方产品及注册；抗衰老和精准营养为代表的前瞻性基础研究及产业转化。

（二）"科学营养"战略技术依托

1. 营养健康研究院

2022年汤臣倍健整合资源成立营养健康研究院，下设广州科技中心、上海研究中心和AI营养研究中心。采用自主研发及联合开发相结合的模式，携手全球前沿科研力量，开展各项核心技术开发、高精尖的科研项目与转化等工作，以科技内核支持"科学营养"战略。

营养健康研究院特设立学术专家委员会，联合国内外营养科学、食品科学、微生物学、公共卫生、医学药学等多方面的资深专家，整合各方资源，交流专业意见，开展科学研究，为推动营养健康行业的发展携手奋进。

营养健康研究院携手全球尖端科研机构，建立联合研发体系，包括中国科学院上海营养与健康研究所、荷兰国家应用科学研究院、英国阿伯丁大学罗威特研究所等，拥有4个省级以上创新研究平台：国家博士后科研工作站分站、广东省院士专家企业工作站、广东省省级企业技术中心、广东省工程技术研究中心，汇聚200多名博士、硕士等专业人才团队，开展前沿研究。

2. 营养科学研究基金

汤臣倍健于2012年设立汤臣倍健营养科学研究基金，由汤臣倍健营养健康研究院负责筹划、组织和管理。基金旨在吸引和调动全国科技资源，开展膳食营养补充剂及其相关领域的研发创新和实践应用，推动国内健康科学领域的产学研项目合作，探索对国民健康切实有效的营养改善和健康管理方案，以提升国人的营养健康状况。汤臣倍健营养科学研究基金成立10年以来，已资助来自全国各地高校、科研院所、医疗机构等单位的科研项目共计约6200万元，并携手各领域的专家团队，在心血管、抗衰老、内稳态等方面，开展了80余项科研项目，发表了60多篇高影响力的论文，且成功申请了多项专利技术。

3. 建立协同创新大研发体系

联手中国科学院上海营养与健康研究所成立"营养与抗衰老研究中心"；与中国老年保健医学研究会共同启动老年慢病临床营养干预研究中心；与中国科学院上海生命科学研究院、荷兰应用科学研究院和德国巴斯夫等共同成立"精准营养科研转化产业联盟"；与英国阿伯丁大学罗威特营养与健康研究所建立协同创新战略合作伙伴关系；加入欧洲营养基因组学组织（NuGO）；与新西兰恒天然集团、德国巴斯夫（BASF）、杜邦营养与生物科技等公司建立战略合作关系；与中国标准化研究院签署《科技合作框架协议》；发起肠道健康标准化研究联盟；与国内外数十所高校、科研机构、三甲医院围绕心血管健康、肝脏健康、代谢健康、脑功能健康、运动健康等诸多领域开展深入的基础及应用研究。

三、展望

习近平总书记提出树立大卫生、大健康的观念，把人民健康放在优先发展的战略地位。2019 年国务院发布《健康中国行动组织实施和考核方案》，健康中国上升为国家战略。膳食营养补充剂行业是大健康产业的重要组成部分，科学规范的发展高质量膳食营养补充剂行业利国利民。随着我国人口老龄化程度加剧，"有备而老"在国家层面上已经得到高度重视。在应对老龄化过程中，健康是核心问题，老年人对健康产品、服务的需求明显高于普通人群。膳食营养补充对于老年健康、健康老龄化意义重大。新冠疫情以来，人们对大健康概念的认知进一步提升。与此同时，除了传统的"中老年"消费群体外，"80 后""90 后"也逐渐成为健康产品消费的主力军。不同人群消费结构对产品的需求呈现多元化，推动了市场消费需求的巨大升级。我国膳食营养补充剂行业尚处于起步发展阶段，未来发展空间巨大。

本着"诚信比聪明更重要"的核心价值观，汤臣倍健以诚信规范的企业形象引导行业共发展，为消费者提供高品质产品。汤臣倍健作为中国膳食营养补充剂领导品牌，坚守合规能使公司走得更稳，不断创新能使公司走得更远。汤臣倍健秉持"第一次做对"和"零缺陷"的质量文化，实施"科学营养"战略，不断创新，"一路向C"，切切实实为消费者的健康带来增量价值，引领行业健康持续发展，正逐步发展为全球膳食营养补充剂行业的领先者。

撰稿：梁水生、刘晓伟、张旭光（汤臣倍健股份有限公司）

▶ 2.6.2　案例　康宝莱：以严控品质与合规经营守护消费者权益

企业创造价值的过程，也是与价值链上的每一个伙伴秉持共同的目标与价值观、创造共享价值的过程。康宝莱是一家总部位于美国洛杉矶的全球营养品公司，自1980年创建以来，康宝莱始终致力于为广大消费者提供以严谨科学为依托的优质营养产品，改善人们的营养习惯，并倡导"营养+运动"的健康生活理念。通过全球服务提供商，康宝莱为90多个国家和地区提供每日营养、目标营养、运动营养等系列优质产品。

作为一家深耕营养健康领域40余年的企业，康宝莱一直秉承"诚信合规"的经营理念，恪守"坚持做正确的事"的价值观，严控产品质量，践行合规经营理念，维护消费者合法权益，为推动行业健康可持续发展而不懈努力。

一、守法合规是经营之本

康宝莱中国一贯秉持守法、诚信、合规，恪守商业道德，坚持"消费者至上"的经营理念。公司持续关注并严格遵守中国相关法律法规，包括《食品安全法》《中华人民共和国产品质量法》《中华人民共和国消费者权益保护法》《中华人民共和国反垄断法》《中华人民共和国广告法》《中华人民共和国劳动法》《中华人民共和国网络安全法》《中华人民共和国个人信息保护法》等，通过内部制度建设和外部行业共治，打造并加强公司的道德与合规文化。

康宝莱恪守"坚持做正确的事"的价值观，在公司内部设立了道德与合规部，旨在预防、发现和处理员工合规相关问题，营造公司道德与合规的企业文化氛围。道德与合规部通过设立部门道德合规大使，开展"做一天道德合规官"体验活动，以及合规员工内刊等多种形式宣导合规文化。2021年，中国区通过线上+线下结合的方式面向员工开展了15场道德合规培训，内容覆盖了国内外合规趋势、重要政策解析、外事费用审批、市场活动等10余个主题，以帮助员工更好地掌握并严格遵守相关法律法规和公司制度，强化合规意识。

康宝莱中国不仅对内严格要求，同时积极参与行业合法合规体系建设工作，通过为行业发展提政策建议、参加政策法规汇编、行业普法宣讲、行业自律倡议、研讨会等工作，推动政策监管体系不断完善，促进行业健康有序发展，接受广大消费者、政府部门、新闻媒体和社会各界的监督。

针对各类相关法律法规、公司合规政策及公司诚信经营的文化理念，康宝莱陆续将其转化成文章、漫画等。通过一篇篇精心策划的寓教于乐的公众号推文对外发布。截至 2021 年年底，康宝莱合规公众号粉丝数量已经超过 15 万，共发布文章 611 篇，总阅读量超过 177 万次。在合规文化建设方面，2021 年 8 月，康宝莱中国区同步全球开展了"我们卓尔不同——营销人员"合规文化月活动。在四周的时间内，公司每周根据不同主题推出诸如规范宣称知识调查问卷等主题活动，进一步推动康宝莱营销人员合规文化建设。同时，活动联动合规公众号、小康大学合规学院、直播宣讲等多个线上线下各渠道开展面向营销人员和顾客的合规宣传，累计覆盖超过 2 万人次。

二、合规管理的多维度与制度创新

（一）合规管理，质量先行

产品质量始终是企业的生命线。2010 年，康宝莱在全球范围内正式推出了"种子到餐桌"的质量管理体系，包含了 14 个步骤的完善的质量控制体系，实现了从种子开始到消费者餐桌整个产业链的每一个环节的产品质量安全都实施严格把控，从多个维度保证所有康宝莱产品都有源可循，真正做到"安心健康"，为广大消费者提供高品质的营养产品。

康宝莱中国严格遵守相关的食品、保健食品、特殊膳食食品法规、规范和要求，其产品生产一直秉承良好生产规范的制造理念，并建立了"种子到餐桌"的质量管理体系，截至 2022 年 4 月，康宝莱对"种子到餐桌"战略的投入已超过 3 亿美元。

康宝莱在苏州、南京和长沙分别设立了 3 家工厂，它们都是"种子到餐桌"体系的重要组成部分。这三家工厂建立了严格的质量、食品安全、卫生、生产管理制度，以"零容忍"的原则对产品质量和食品安全进行严格管理。

南京工厂是康宝莱中国的旗舰型工厂，主营生产蛋白混合饮料、蛋白营养粉、部分片剂产品以及运动营养产品。作为江苏省首家获得运动营养食品生产许可的企业，南京工厂于2020年进行了首次良好生产规范证书的第三方商业审计，并在2021年度以零缺陷的好成绩通过了监督审计。在质量体系方面，南京工厂已经建立起从原料控制到成品运输的全过程监控标准和要求，运用自查、内审、外审等方式来验证体系运行的有效性、适宜性，并不断改进和优化。

苏州工厂制订了严格的供应链管理规定，其采购政策引用了供应商评分表来选择供应商，充分考虑了供应商的质量、供应、研发等各个方面。在原料采购环节，工厂要求供应商必须符合良好生产规范的要求，并持有食品生产许可证和其他相关证件；有些原料例如有机菊粉、有机亚麻籽粉等，还要求提供有机认证。为全面应对当下新的或潜在的食品安全风险，康宝莱对苏州实验室的高效液相色谱仪进行升级，以满足产品检测的精度要求，购买了全新型号的电感耦合等离子发射光谱仪替代旧型号，使实验室检测元素的灵敏度进一步提高，替换老的电感耦合等离子质谱仪，以便对原料中极低水平的重金属（10^{-9}-ppd级别）实现快速及准确的检测。

长沙工厂是康宝莱首个全球原料生产基地，它直接向可信赖的农场进行原料采购并生产，实现了康宝莱原材料供应链的一体化。对于植物性原材料来说，由于种属、产地的复杂性，加之一些商业因素的影响，其鉴别在行业内一直都是一个难题。长沙工厂在采用高效薄层色谱法（HPTLC）进行检测的基础上，对每一批来料的植物原料都采用DNA技术进行鉴定，以确定植物原料的真伪，这在全球范围内都处于先进水平，这些严格的检测也是康宝莱产品质量优秀的基础。

康宝莱对产品的质量管理并不局限于制造端，康宝莱中国还建立了对上市的产品进行全面的产品跟踪监控信息系统——产品溯源码，通过溯源码可以实现产品从原料、生产过程、运输到顾客的全过程。制定了全面的产品质量上市年度产品回顾程序，实现对食品安全风险的全面控制。

（二）合规生产，保障员工健康

康宝莱中国通过完善的安全管理制度保证员工的安全。3家工厂制定了《外来相关方安全环境管理制度》《事故调查报告管理制度》《危险化学品管理程序》《个人防护用品（PPE）管理和使用》《作业许可（PTW）管理程序》《安全生产责任制管理规定》《"三同时"制度》等46个环境健康安全（EHS）管理制度，并严格执行。

同时，康宝莱还开展了形式多样的安全培训和安全活动，并定期组织应急演练。2021年4月，在中国的3家工厂在合肥开展了安全工作坊，并于活动后续跟进了相关措施。在2021年6月的"安全健康月"活动里，各家工厂组织了《安全至关重要：个人防护装备》《危险因素辨识和安全风险分级管控》等安全知识培训；同时还开展了触电应急演练、粉尘爆炸、化学品起火、叉车充电火灾等应急演练，提升了全员的安全意识和技能。此外，康宝莱工厂也会定期聘请第三方做生产安全测评，并进行工伤数据分析，从而科学减少事故的发生。

康宝莱致力于为所有员工提供快乐工作、快乐生活的平台。除为员工提供从基础技能到专业技能，以及管理和领导力的体系化培训，还在守护员工健康方面，不断完善职业健康管理体系，营造安全、优质的工作环境，为员工的健康保驾护航。

康宝莱中国不仅关注员工的身体健康，同样致力于改善员工的心理状况。2021年1月，公司发布了员工协助计划（EAP），与专业的第三方心理咨询公司建立合作，为员工提供包括情绪与心理方面在内、安全且保密的咨询服务，帮助员工应对日常生活、工作上的难点与挑战。在疫情期间，公司通过员工协助计划热线、Calm App等渠道给予员工心理层面的支持，帮助员工平复心情，缓解焦虑。

（三）合规经营守护消费者权益

一直以来，康宝莱高度重视消费者权益和产品使用体验。康宝莱中国建立了完善的消费者保障制度和诚信服务体系，如消费者服务热线，"黄金法则"30天的退换货保障服务等，并严控产品销售渠道，确保消费者获取合格正品，同时全力保障消费者隐私安全，保障并维护消费者的合法权益。

在销售环节，康宝莱严格规范销售秩序和产品销售渠道。公司通过"清网行动"，积极配合监管部门查获了多起利用假批号、假封膜等制假手段制作的假冒康宝莱产品。与此同时，康宝莱持续通过线上线下渠道向服务提供商及消费者传递公司在维护产品销售渠道方面的最新举措和成果，强调假货危害，不断提醒消费者认准官方渠道购买康宝莱产品。自 2020 年 7 月 1 日到 2021 年 6 月 30 日，康宝莱中国共举办"清网行动"维护销售渠道主题活动 40 场，覆盖全国 15 个城市，参与人数 22800 人。

2021 年"3·15"期间，康宝莱中国推出了业内首创的康宝莱信用评估系统（CRS 系统），根据顾客服务、合规表现、订购行为和销售业绩四大数据维度对营销人员做出综合评定。同时，营销人员还可通过完成加分任务、改变行为模式提升其信用分值。该系统的应用，可以从多维度帮助营销人员分析自身业务的发展状态，指引他们持续提升服务表现。此外，公司通过"数字化商学院"向营销人员提供丰富的专属培训课程，助力提升他们的数字化沟通水平及数字化工具的应用水平。

在客服环节，康宝莱中国搭建了多渠道、全方位的 7×24 小时客户服务平台，及时接收客户各类咨询和投诉。公司还在 2020 年升级了 AI 智能服务，让咨询更便捷、精准。包括客服热线在内，针对各类升级疑难案例，公司承诺提供 2 个工作日的服务回复时效，内部协同各职能部门设立工单处理对接人，为特殊案例开启绿色通道，保障特殊案例高效解决。康宝莱中国的客户服务满意度已超过 98%。

在消费者保护方面，康宝莱为消费者提供了被称为"黄金法则"的消费保障服务：为顾客提供 30 天退换货保障。依照《康宝莱顾客保障条款》，顾客自购买产品之日起 30 天内，产品未开封、未使用的，顾客可凭购买凭证申请退换货。在数字经济时代，康宝莱高度重视保护消费者隐私安全。在涉及系统或软件开发、更新的业务项目中，凡是涉及个人信息处理的环节，均会在开发流程审批环节引入隐私影响评估（PIA）流程，从收集哪些个人信息、收集的必要性、如何使用、是否分享给第三方、是否涉及跨境传输、是否使用软件开发工具包（SDK）、采取哪些安全措施等维度，就公司新的业务场景对用户隐私的影响进行评估，并留存相关评估记录，以确保公司在个人信息保护方面从最开始就做到合法合规。

此外，康宝莱依托自身积累的全球经验和专业知识，投身科普，推动大众知识普及，传播营养健康理念，倡导健康生活方式，帮助消费者以科学的方式实现营养和健康目标。例如，2021 年 5 月和 10月，康宝莱发布了在全球范围内开展的《家庭科学膳食认知与行为调研》以及《营养素补充剂相关调研》的中国区结果，希望通过这些调研提高公众的营养素养和健康意识，倡导健康的生活方式。康宝莱中国还邀请权威专家对调研结果进行解读，并为公众提供简单易行的解决方案。

三、展望

尽管外部环境一直在变化，但守法合规、诚信经营、打造共赢的商业生态始终是康宝莱不变的初心。只有让消费者满意，让与康宝莱相关的每一个个体都因公司而有所收获和成长，康宝莱中国才能实现价值共创和持续的成功。展望未来，公司将继续秉承"坚持做正确的事"的企业价值观，深耕中国市场，为广大中国消费者提供以科学为依据、可信赖的营养产品和优质诚信服务，致力于为"健康中国"宏伟目标的实现贡献自己的力量。

撰稿：康宝莱（中国）保健品有限公司

2.7 问题：小餐饮与能力建设

餐饮是常见的生活现象。作为一种生产活动，其依旧具有"给百人做饭不同于给一人做饭"的差异性。这包括通过原料的进货查验避免问题食材流入市场，在操作环节注意食材、场地、人员等多方面的卫生要求，预留样品便于事故应急时追查源头等。无疑，这些需要成本投入和专业管理。反之，利益导向、专业缺失就会加剧食品安全风险。例如，互联网+餐饮发展初期涌现的黑作坊、黑外卖都暴露了利益导向的小餐饮就业、创业往往因为成本而忽视乃至无视食品安全方面的投入。可以说，这是业态虽小也不能缺失监管的原因，以防控把利益置于安全之上而导致的食源性公共风险。比较而言，小餐饮等小微业态虽然在食品安全、市场秩序方面长期存在监管痛点，但其经济、社会、文化意义亦不容忽视。疫情防控期间，"地摊经济"成为个体走出困境的生计选择和国家经济复苏的生机代表。美食地摊也让这一重燃的"人间烟火"具象化。经济有需求、社会有关注，这些外部压力亦使得市场监管相关部门做出回应：为恢复乃至搞活地摊经济放宽监管并提供场地、资金等支持。

食品摊贩、餐饮小店等食品小微业态的发展历久弥新，包括线下从摊变铺、铺变店的业态规模化和线上基于平台的餐饮外卖及其管理集成化。实践中，在2017年上海梦花街"弄堂小店"馄饨铺的事件导向下，"放管服"已经成为食品小微业态监管工作的重点，包括放宽市场准入要求。例如，备案、登记等仅限于信息收集而非准入审核的事前管理替代了传统"命令控制型"的许可要求。据此，地方政府监管食品摊贩、餐饮小店等小业态的理念历经了"抓大放小——门槛淘汰——宽进严管并以服促改"的转变，这在落实食品安全法治任务的同时也契合了"放管服"的行政改革要求。当备案、登记等"宽进"成为各地重置食品小微业态的"绿灯"监管环节后，如何通过事中事后环节的严管来保障食品安全成了当下监管的重点和难点。尤其是，具有"小、散、乱"特点的食品摊贩、餐饮小店等食品小微业态很难通过业内自治并自下而上地改善自身所处的监管环境。因此，政府在"疏堵结合"的治理中日益侧重服务带来的改善效果。例如，结合自我监管、政府监管、消费反馈等的综合性食品安全指数为政府回应性监管提供参照。以激励举措助推小餐饮后厨变革为例，地方政府和银行共建"绿色食安贷"，为餐饮小微企业提供绿色普惠信贷服务。

在传统的线下监管上，网络餐饮的发展和网络食品交易第三方平台的角色定位给小餐饮治理带来了新的机遇，也促进了餐饮小微业态从"利益与专业的分离走向利益与专业的融合"。作为一般规定，网络食品交易第三方平台"管理者"的角色定位意味着其应当承担行政法上的管理义务，包括对具体食品经营者的事前准入审核，以避免没有许可资质的经营者入网经营；事中的线上线下监测，以便及时制止和报告发现的违法行为；事后则应主动或配合监管者停止提供网络交易平台服务。这一被称为"以网管网"的监管取向使得网络餐饮平台成为餐饮监管的新关键点。比较而言，入网经营的小餐饮商户占比较大。当平台对入网的小餐饮商户开展无差别的事前、事中和事后的全程管理后，平台的双边市场定性意味着越多的入驻小微商户既等同于越多的利益，也伴随着越多的合规风险。尤其是线下小餐饮商户的资质合规直接影响到平台在准入放行中的合规管理，而未尽入市审查义务的平台在各地遭遇行政处罚。利益联结促进了行业内由平台主导的专业重塑。这首先指向合规驱动，即行业自治助力餐饮小微商户落实法定义务，并借此提高平台管理的线下合规性。其次，在利益驱动的餐饮生态建设中，平台可以为小餐饮商户提供综合服务并促进整个行业的迭代升级。服务内容包括涵盖合规的管理能力优化、基于信息的商业决策支持、定位复合的人才培养等。三是发挥技术和信息优势，探索精准式能力建设。就合规能力建设及其优化而言，面向小微商户的科普和普法是重要的监管抓手。相比政府的普惠式宣传教育，平台基于客户端的教育管理不仅可以推送相关信息，开设课程，也可以通过技术规制确保商户定时、定向学习专业知识，并基于数据开展个性化、定制式的学情和激励管理。

基于能力建设的专业化将持续改变"平台第三方——小餐饮商户"和"政府监管者——平台第三方"的管理与被管理的关系。从网络餐饮平台到本地服务平台，前者为平台的服务拓展奠基了用户流量和消费习惯。后者的专业化体现在餐饮行业内的分工和专业化，如平台集中承担小餐饮商户前向的供应管理和后向的营销管理，乃至餐品本身出现料理包的新发展模式。此外，从餐饮到出行再到住宿的业务拓展以及配套的支付、金融方式的选择，平台下的混业经营模式也日益凸显。无疑，这也对政府监管提出了新要求。

评析：孙娟娟

▶ 2.7.1 案例 霍林郭勒市市场监督管理局：小餐饮规范提升模式

霍林郭勒又名霍林河，1976 年建矿、1985 年建市，总人口 13.8 万人，是一座处在草原腹地的现代化工业城市。"霍林郭勒"根据蒙古语音译而来，"霍林"为美食、茶饭、休养生息之意，"郭勒"为河的意思，"霍林郭勒"即美食之河，寓意富饶美丽之地。永兴路中段（嘉源小区两侧）是一条深受百姓追捧的繁华小吃街，汇集了民族蒙餐、特色小炒等众多美食，充分展现了特色小餐饮文化。

小餐饮在方便群众生活、带动就业和传承传统饮食文化方面的作用不可替代，但是从业人员文化水平偏低，加工场所简陋、环境卫生和食品安全不达标等问题也不容忽视，如何破解这个困局一直是困扰各级政府和监管部门的一个老大难问题。霍林郭勒市市场监督管理局坚持以人民为中心的监管理念，坚持政府引导、市场主体自愿相结合，鼓励和支持有意愿的小餐饮企业提档升级，建立示范小餐饮评价体系，推动小餐饮全面升级改造，走出一条崭新的路子。

一、"霍林河模式"概述与亮点

霍林郭勒对小餐饮的整治提升不搞"一刀切"，既彰显地方、餐饮文化，又保护特色、利于发展。按照三个"一批"（取缔一批、规范一批、提升一批）的总体思路，坚持规范、提升和示范引领并举，抓创新求突破，笃行监管责任，以点拓面对永兴路28家小餐饮进行整改和提档升级，打造了一条小餐饮全面提档升级改造"霍林河模式"，持续创造安全放心的餐饮环境。

1. 全面谋划、高位推进

霍林郭勒市场监督管理局在内蒙古自治区率先成立"小餐饮规范提升专班"，在实地调研的基础上制定了"小餐饮规范提升示范街打造方案"。该方案一是以"标准"为蓝本。针对不同的小餐饮分类制定整改措施，首先打造标准样板，各项打造标准可视，以点带面，分类推进，进行全面规范打造。二是以"问题"为导向。采取现场办公，制定整改措施，精准规范，按照先易后难的思路，实现范本效应，分类推进。三是以"包片"为抓手。按照"局长包工作、股长包片、所长包户"的原则，联合指导所负责片区的后厨规范化建设改造，达标验收实行全方位参与，做到达标一个，验收一个。四是以"规范"为基础。规范提升完成后，持续开展督查，保持规范提升效果，建立长效机制。推行信息"全公示"，确保经营资质、食品进货渠道、从业人员健康证明、量化分级结果、日常监管检查按要求公示；加工过程"全阳光"，所有加工环节全部透明化、可视化，消费过程"全追溯"，打消消费者对加工过程的疑虑。五是以"共治"为目标。为消费者提供举报投诉电话，设立举报邮箱，方便咨询投诉。借助"餐饮服务规范年"的有利时机，做好舆论引导，聚焦监管效能打造共治循环，形成共治格局。

2. 社会共治、创新赋能

一是利用好阶梯式监管工具，综合运用公开承诺、约谈、巡查、飞行检查等监管手段，把"最严格的监管"落实落细，努力与小餐饮形成支持与信任并行、守法执法并重、激励约束并举的良性互动。

二是打造了"组织领导明确、人员建设规范、制度建设完善、工作保障充分、运行管理有序、工作绩效显著"的基层市场监管样板。

三是创新运用风控平台实现"一店一码"，扫二维码即可进入该店的风控平台，观看直播、查验资质、举报投诉一键畅通、借助风控平台，将小餐饮的监管从市场监管"一双眼睛"变成群众"无数双眼睛"监督，实现群众点餐"心里有底"，部门监督"心中有数"。

四是引导小餐饮完善进货台账标牌标识、制定规章制度、更新保洁消毒设施、构建合理加工流程，精心为消费者打造"食品源头可溯、加工过程可控、安全风险可防、监管责任可追"的全链条放心消费场景。

3. 同心同向、全员参与

举霍林郭勒全市之力，聚全局之智健全完善的监管体系机制，依责重新调整了食品药品安全委员会组织领导和成员单位，细化和界定各部门职能职责，建立了统一领导、部门联动、齐抓共管的工作机制，形成了推进食品安全综合监管的工作合力；依托"3·15""4·26""科技周"等契机，扎实开展食品安全"进商户""进社区""进校园"等活动，引导社会公众共同参与食品安全监管，构建共治共管共建的大格局；组织召开小型餐饮示范街创建工作动员会，阐述示范街创建的目的意义、标准和示范效用，争取到了广大经营户的支持；行业协会积极参与，将量化分级在小餐饮提升改造一条街试点实施，目前已有 7 家取得了 A 级，并全部公示；形成"政府大力支持、行业严格自律、部门有效推动、社会广泛参与、企业最终收益、消费者满意"的社会共治新格局。

二、统一标准下的精细化管理，打造精品小店

1. 信息公开

在统一标准后的公示栏上，呈现出处证照齐全、信息公开、制度健全的主体资格及有关情况，同时进行量化分级后由监管部门赋予市场主体的综合评价图标，将引导消费者"寻找笑脸就餐"。

2. 形象升级

过去杂乱堆放的酒水如今已整齐摆上了货柜货架，一本本厚重的菜谱制成灯箱挂在了墙上，不仅价格透明，而且美观便捷；各家企业文化各不相同，有幽默的、有真诚的、有热情的；所有从业人

员穿着得体、干净卫生，统一佩戴健康证明胸卡，向消费者展现全新的精神面貌；"文明用餐""拒绝浪费""禁止吸烟"宣传语随处可见，提倡健康文明的餐饮消费习惯。

3. 管理提升

"明厨亮灶"全面应用到小餐饮监督管理中，实现了全覆盖，通过设置透视明档、连接视频监控等技术手段，让后厨"瞧得见、看得清"，厨房干净整洁，功能区布局合理，配套用具齐全，分类存放、专管专用，实施了"色标化"管理，避免了食品交叉污染；食品成品半成品存放井然有序，各种食品分门别类，对应存储在专属食品盒里，并标注品名、供应商、保质期等信息；小店增设了餐饮用具蒸汽消毒机、紫外线灯等消毒设施；小店安装了油水分离器，切实打消了消费者担忧的餐具消毒不彻底和废弃油脂回流餐桌等顾虑，让消费者吃得更加安心、放心。

三、信息化手段下的示范引领餐饮行业升级

启动"线上示范街+线下品质餐饮"模式，网络送餐第三方平台将原计划用于商业广告的资源，例如平台猜你喜欢资源位和关键搜索词，用于免费的市场传播推广及宣传配合展示支持，第三方平台也同时呈现"线上示范街"。

大力宣扬示范样本，在街路显著位置竖立"明厨亮灶"展示屏，利用互联网+视频技术连接小餐饮店后厨，让以往"闲人免进"的厨房全方位、立体化、全时段展现在消费者面前，打造食品安全新环境，消费者可通过透视明档、视频监控和手机 App 等方式，时时关注厨房加工操作全过程。

弘扬餐饮企业文化，加强精神文明建设，打造企业核心竞争力。逐步形成"规范—安全—发展"的良性循环。

四、结语

内蒙古自治区市场监督管理局将这种做法总结为"霍林河模式"，并在 2022 年 7 月召开的全区餐饮监管现场会上大力推广，力

争通过这种模式的普及早日实现全区小餐饮的全面质量提升。值得期待的是，随着种模式的推广和深入，全区小餐饮多、小、散、乱、差的形象会得到彻底扭转，经营者规范经营和守法经营的意识也会进一步增强，进而可以带动全区餐饮行业的整体质量提升，为做强全区餐饮服务行业、拉动市场消费需求做出积极的贡献。

撰稿：李呼日勒（霍林郭勒市市场监督管理局局长）

▶ 2.7.2 案例 美团：公益培训赋能商户食品安全合规治理

美团的使命是"帮大家吃得更好，生活更好"，公司聚焦"零售+科技"战略，与广大商户和各类合作伙伴一起，努力为消费者提供品质生活，推动商品零售和服务零售在需求侧和供给侧的数字化转型。2018年9月20日，美团正式在港交所挂牌上市。美团将始终坚持以客户为中心，不断加大在科技研发方面的投入，更好承担社会责任，更多创造社会价值，与广大合作伙伴一起发展共赢。

一、合力共治，促进线下餐饮行业良性发展

外卖是基于产业互联网的新业态，是产业和互联网同向而行的结果，产业和互联网是融合而非替代的关系，外卖并没有改变线下制餐、线下消费的本质。美团外卖高度关注线下餐饮行业的良性发展。线下餐饮行业是网络餐饮的基础设施，线下餐饮行业的持续健康发展，是网络餐饮服务持续健康发展的基础。

（一）中国餐饮行业规范化发展长期向好，但发展相对缓慢

中国餐饮行业规范化发展长期向好，但发展仍相对缓慢，商务部《2017年中国餐饮行业发展报告》就曾指出，国内中小型餐饮稳居主导地位，作为市场化程度较高的行业，餐饮产业集中度并不高。《2021年中国连锁餐饮行业报告》数据显示，2020年国内餐饮连锁

化率仅为 15%。中国餐饮行业呈现出中小餐饮居多、行业集中度不高、标准化水平低等特点，餐饮从业人员食品安全意识和能力相对较弱，缺乏系统的、可落地的食品安全解决方案和能力。

（二）餐饮食品安全力在行为，商户需要解决方案

食品安全力在行为，具备正确的食品安全意识和解决问题的能力是餐饮商户做好食品安全工作的基础。据世界卫生组织分析，大部分食品安全事件是由于食品加工处理不当所导致。美国疾病与防控中心的统计资料显示，大部分食源性疾病的暴发是在餐饮店，主要由于食品从业人员不良的食品安全行为所导致。因此，使从业人员具有良好的食品安全行为，对于餐饮行业预防食源性疾病、保障食品安全具有重要意义。

对于提升食品安全，餐饮商户有食品安全知识和解决方案的迫切需求。美团外卖针对近 2 万家餐饮商户的调研显示，有 89.76% 的商户认为，在餐饮经营过程的关键要素"食品安全、菜品口味、服务水平、营销推广"中，食品安全是最重要的因素。同时反馈，在食品安全方面存在较多挑战，包括欠缺有效的食品安全知识及培训获取渠道（33%）、食品异物问题难以有效解决（32%）、后厨虫鼠害问题（20%）等。商户反馈，希望能够输出有针对性的解决方案，以及普及食品安全法规政策和知识。

（三）利用平台聚合优势，推进商户食品安全科普教育

食品安全法规明确鼓励第三方平台等相关主体开展食品安全法律、法规、标准和知识的普及工作。美团高度重视食品安全工作，积极发挥平台作为食品安全治理的新动能价值，探索互联网食品安全治理的新模式、新做法。美团链接着数百万的餐饮商户，这种链接的优势，使得食品安全知识、信息的传递变得更加便捷、高效和精准。

以美团外卖为例，为持续提升商户的食品安全水平，专门设置了针对商户的食品安全科普专栏。2018 年以来，定期刊发有关预防餐饮食物中毒、虫害控制、冷链防疫、餐饮服务操作规范等科普文章百余篇，单篇最高阅读量破 70.4 万次，平台内商户累计阅读量破

1800万，不少商户表示，这样的推送对食品安全意识的提升有帮助，还提供了食品安全问题的解决方案。

2020年和2021年，美团先后完成两届外卖商户食品安全普法答题活动，形成了答题前专题学习、答题检验学习效果、答题优异商家激励、错题强化学习巩固联动的运营模式。两届答题活动累计240多万商家访问学习，平均答题正确率超过87%。这种在线化的科普宣传，大大提升了餐饮服务食品安全知识的触达率，对持续提升商户的食品安全意识和能力起到了积极作用。

针对中小餐饮商户的经营模式、知识诉求等实际情况，2021年2月，美团与科信食品与健康信息交流中心组织编写的《中小餐饮商户食品安全操作系列指引》发布，分为10个章节，以《食品安全法》和《餐饮服务食品安全操作规范》等法规为编制依据，结合中小餐饮商户的实际场景，提炼要点，强调简明易懂、可操作，旨在降低中小餐饮商户的学习难度，帮助其提升食品安全管理的意识和基本能力，给中小餐饮商户提供更接地气的食品安全解决方案。

二、公益培训，赋能商户食品安全合规治理

世界卫生组织提出，对食品从业人员进行培训是改变其不安全操作行为的良好手段，相比其他干预措施，教育培训的花费更少，但却能够获得对健康相关行为的持久改变，因此具有很好的成本效益比。针对商户的食品安全要求，结合食品安全法律法规、疫情防控等实际情况，美团积极创新"互联网+食品安全"培训体系建设和应用落地，为餐饮商户食品安全合规治理提供新动能。

（一）助力餐饮复工，率先发起食品安全防疫直播

2020年初，作为《餐饮业在新型冠状病毒流行期间防控服务指南（暂行）》的发起方，为更好地帮助餐饮商户安全有序复工，美团联合各地食品安全监管部门率先在全国发起助力餐饮服务食品安全防疫直播公益专项活动（详见图2-11）。专项活动集在线食品安全知识学习、专家直播、食品安全防疫答题为一体，邀请行业权威

专家，开发了政策解读等翔实和实操性强的食品安全防疫课程，通过在线直播方式向全国各地餐饮商户宣导食品安全防疫知识。美团食品安全办公室参考食品安全法律法规和防疫要求，编制了数百道食品安全防疫知识题目，用于直播活动的强化考试。截至 2020 年底，"复工防疫"系列公益课共覆盖 17 省、19 市，超过 110 万人次参加学习、考试。餐饮服务行业复工复产、规范有序经营是各类市场主体复工复产的重要保障，加强餐饮服务从业人员培训是做好疫情防控期间餐饮食品安全的基础工作，在线学习+直播互动+考试强化"三位一体"的食品安全防疫公益互动，是疫情防控期间政企联动，探索在线食品安全治理社会共治新模式的具体体现，对提升餐饮商户的食品安全防疫知识水平和能力，起到了积极作用。

图 2-11　美团"助力餐饮复工"食品安全公益直播

（二）响应总局"培训年"部署，推出安心 365 公益培训

2020 年 9 月，国家市场监督管理总局发布《餐饮业质量提升行动方案》，明确提出要以人员培训为重点，着力解决从业人员规范操作、食品安全管理员能力提升问题，明确 2021 年作为"餐饮从业人员培训年"，要求进一步强化从业人员对食品安全规定、违法行为处罚、预防食源性疾病等相关知识的掌握程度，全面提升餐饮从业人员素质和食品安全管理人员管理能力。为响应国家市场监督管理总局"餐饮从业人员培训年"的决策部署，以前期实践为基础，美团继续发挥平台不受时间和地点限制的线上化能力，推出"安心365"食品安全公益培训，持续加强协同治理和科普教育，全年对商家开展持续的、系统的食品安全培训及考核，全面提升餐饮从业人员的食品安全意识和能力。

在培训师资上，美团成立了"食品安全培训专家团"，邀请中国农业大学、中国人民大学、中国食品工业协会等18位专家学者加入，打造一批兼具专业背景、实践经验和培训技巧的师资力量，确保培训内容的专业性、科学性和全面性，助力餐饮从业人员培训的体系化开展。在培训课程上，美团充分考虑餐饮经营的实际场景，精细化设置培训内容。依据食品安全相关法律法规、餐饮服务食品安全操作规范等相关要求，聚焦餐饮食品安全风险场景，美团携手食品安全培训专家团围绕"四季安心系列""疫情防控系列""政策解读系列""热点问题系列"等主题打造了14个食品安全相关课程，形成标准化、体系化的培训课程。在培训形式上，美团利用互联网平台优势，搭建了"线上课程观看+直播要点解读+考试领证+录播复看"多个学习场景。一方面，避免线下聚集培训，省去了组织、场地、人工、物料、食宿、交通等相关费用，降低了商户学习投入的成本。另一方面，提高商户参加培训的积极性，商户可以根据自己的工作安排调整学习时间，并且可以反复观摩研习，有助于增加培训覆盖面和培训效果。

在培训落地方面，美团积极与各地市场监督管理部门协作，推动公益培训，在市场监督管理部门的指导下，更有针对性地发动、组织属地餐饮商户参加学习。在培训保障上，美团内部成立专门项目组，在人员分工、课程研发、讲师邀约、直播培训等关键环节建立标准化作业流程，在用户分层、执行落地、流量转化等路径上设置16个数据考察维度，以学习人数UV、直播期间UV、完课率、学习满意度等7项作为核心指标检验项目成效，促进项目高效高质推进。

截至 2021 年年底，"安心 365"食品安全公益培训已成功开展 100 场，总计覆盖全国 21 个省和 146 个地级市。其中餐饮从业者覆盖人数约 210 万，学习人次超过 500 万次。另外增设了 62 万个直播学习点位，商户可以组织员工进行集中培训学习。

三、展望

保障舌尖上的安全，是全社会共同的责任。古代的饮食之道，受交通和地域的限制非常明显，例如江南时鲜，往往很难保鲜运送到北方。现代物流和保鲜技术的发达，使得交通和地域不再是食材流通的阻碍。而得益于网络经济的发展，食材的流动变得更加方便快捷。从农田到餐桌，食品链条的每一环节都对食品安全至关重要。美团作为一家平台型企业，在组织机制保障、战略策略及具体实施方面认真履行平台责任，提供平台方案。美团始终认为，平台作为食品安全治理的新动能，应该是食品安全治理的参与者、促进者和贡献者。"标准先行、技术引领、协同治理、科普教育"是美团食品安全工作十六字方针。美团相信，"功不唐捐"，平台食品安全科普教育的实践，将为外卖食品安全共治、共建、共享新治理格局，发挥持续性的助力作用。美团也将继续发挥平台的新动能价值优势，持续创新食品安全科普教育、信息交流的模式，"帮大家吃得更好，生活更好"。

撰稿：谭量量、高蓓（美团）

2.8 问题：进出口食品与监管新规

食品的全球流通意味着国家保障食品安全既需要出口国（地区）建立覆盖从农场到餐桌的全程监管，也涉及进口国（地区）通过对进口食品监管来确保从口岸到餐桌的食品安全。可见，"产地安全准出"和"销地安全准入"的双管齐下日益成为进出口食品监管的关键点。

就我国进出口食品监管制度现状而言，自2018年党和国家机构改革以来，海关总署进一步完善进出口食品安全管理体制机制，强化监管，着力防范和化解进出口食品安全风险，围绕外交外贸和经济社会发展大局，优化服务，加强食品安全国际合作，推动国际共治，全力提升进出口食品安全现代化治理能力和水平，为促进高质量发展，确保人民群众"舌尖上的安全"作出新的更大贡献。

与此同时，进出口食品安全工作不断面临新形势新要求新挑战，相关管理制度需要进一步调整完善，以适应新时期要求。一是近十年来中国进出口食品贸易持续保持高速增长，食品供应链全球化趋势日益显著，非传统食品安全问题逐步凸显，进出口食品安全客观形势对监管制度提出新的需求。二是作为进出口食品安全监管的重要上位法依据，《食品安全法》及其实施条例分别于2015年和2019年进行了大幅修订，上位法有关进出口食品安全规定出现了调整。三是党中央对进出口食品安全提出了更高的要求。在2019年《中共中央　国务院关于深化改革加强食品安全工作的意见》中提出，实施进口食品"国门守护"行动，严防输入型食品安全风险。四是2018年党和国家机构改革后，进出口食品安全管理机构和体制也发生了根本变化。

根据《"十四五"海关发展规划》，在未来的五年，海关将着力构建进出口食品安全现代化治理制度体系，并针对进口前（源头治理）、进口时（口岸监管）和进口后（后续监管）展开制度设计。

进出口食品安全监管的宗旨是"保障进出口食品安全，保护人类、动植物生命和健康"，这符合包括《食品安全法》等法律、行政法规要求，其中"保护人类、动植物生命和健康"也与世界贸易组织（WTO）相关协定等国际规则相一致，体现出进出口食品安全监管法规的国际性。

2022年1月1日，与进出口食品安全息息相关的海关部门规章

《中华人民共和国进出口食品安全管理办法》（以下简称《进出口食品安全管理办法》）和《中华人民共和国进口食品境外生产企业注册管理规定》（以下简称《进口食品境外生产企业注册管理规定》）正式施行，突出强调海关从守护国门安全职能出发，不仅保障传统食品安全，还关注非传统食品安全和生态安全，全面体现总体国家安全观的要求。

对照人民群众对食品安全的期待以及日益增长对美好生活的需要，进出口食品质量供给和安全保障尚存差距，进出口食品安全领域还存在一些"不平衡"和"不充分"问题，主要体现在以下两个方面。

一方面，进出口食品安全法律规范体系有待完善。《中华人民共和国海关法》《食品安全法》《中华人民共和国进出口商品检验法》等与进出口食品有关的法律以及相应法规的进出口食品安全有关条款有待进一步优化与完善，为进出口食品安全治理提供科学、明确、充分的法律依据。同时，应结合海关体制机制特点，建立过程监管规定为主、特定产品专门规定为辅，严密协调的进出口食品安全制度体系，编制覆盖监管执法各环节的作业规范，实现进出口食品安全监管规范化。

另一方面，健全进出口食品安全监管制度体系。一是健全主体责任体系。要进一步明确进出口食品的国家或地区主管部门、生产企业、出口商、进口商、海关及相关职能部门等主体的食品安全责任，强化责任落实，各负其责。将进出口食品企业纳入海关企业信用管理体系，按照企业信用等级实施差别化管理。二是健全进口食品安全治理制度体系。要进一步优化进口食品源头治理、口岸监管和后续监管制度设计，强化制度间的有效衔接和闭环管理，构建科学严密、高效便利、协调统一、公开透明的进口食品安全现代化治理制度体系。三是健全出口食品安全治理制度体系。落实国家"放管服"总体要求，完善出口食品原料种植、养殖场及生产企业备案管理，取消出口食品生产企业行政许可，加强对出口食品企业的事中、事后监管，监督出口食品企业落实食品安全管理的主体责任；

大力推动出口食品安全监管制度与国内监管制度的有效衔接，全面实现海关与国内食品安全监管部门信息的交互及对国内监管结果的采信；完善风险分级分类管理制度，全面推行出口食品直通放行，大幅度提高食品出口便捷性。

评析：冯冠（优合集团优顶特研究院）

▶ 2.8.1 案例 优合集团：通过数据、信息赋能，构建全球食品安全保障体系

优合集团是中国进口食品龙头骨干企业和国内最大的冷冻肉类及水产品等冻品进出口和加工企业之一，2008 年成立以来，一直致力于打造集国际贸易、代理采购、进口清关、冷链物流、供应链管理、新零售、大数据服务、食品安全监管等功能于一体的全球冻品全产业链供应链综合服务平台。集团目前拥有外汇管理局 A 级考核单位、海关 AEO 高级认证企业、中国进口 200 强、国家 5A 级物流认证企业等多项荣誉资质，服务中国冻品产业企业一万余家，约覆盖全国 50% 以上的一级冻品经销商、食品生产加工、餐饮配送、中央厨房、大型商超、农贸批发等企业。在 2020 年全国进口冻品市场占有率中，通过优合集团体系进口的猪肉、禽肉、牛肉、羊肉占比分别达到 28%、30.81%、26% 和 46.21%。

一、进出口食品的全程合规管理建制

（一）上游（合规技术支持）

进口食品因被发现货物本身或是信息不合规而被禁止入境的情况时有发生。中国相关监管部门每月都会定期公布未准入境的进口食品信息名单，其中一部分是贸易流程技术上不符合中方要求的批次，可被视为贸易流程上的错误，还有一部分是产品货物本身品质出现了问题，可被视为存在食品安全风险。无论是哪一种，都是进

口食品安全不合规的体现。

优合集团深知一些境外供应商，尤其是规模有限的、新准入的境外食品生产企业，缺乏相关产品输华经验，很容易出现诸如产品标签不合格、包装不合格、货证不符、材料不全等技术上的问题。这些问题一般可以通过熟悉中方相关要求来进行改善。优合集团针对这类企业推出了进口食品合规第三方技术咨询服务，通过给境外食品生产企业提供官方进口食品法律法规、进口流程等文件的内容与解析，让企业充分了解中国相关监管部门要求，减少甚至杜绝技术问题，帮助这些企业履行好输华食品安全合规义务。

对于货物本身质量存在问题的企业，优合集团也提供与检验检疫要求、生产加工要求相关的第三方技术咨询服务。优合组建的专业领域团队，通过给境外食品生产企业提供质量架构、质量体系、生产环节、检验检疫各类标准等方面的技术指导，帮助其改进产品规格符合中国进口食品相关要求并加强食品安全管理水平，在解决这些企业本身业务问题的同时也削减了进口食品安全风险。

（二）下游（冷链物流仓储）

众所周知，食品具有特定的保鲜期和保质期，食品运输对产品运输时间、运输环境也有特殊要求，冷链食品更是如此。为了满足冷链食品运输的高要求，同时也为了提升物流环节车辆运营效率，优合集团开发了专门匹配货源和运力的第三方货运平台——优路仕网络货运平台。

优路仕是基于运力组织运营的冷链物流服务平台，依托优合集团上海、天津、大连、青岛、宁波、厦门、湛江、广州、深圳等主要进口口岸，整合口岸至临港仓的冷链疏港运输网络。此外，以临港仓为依托，辐射全国主要流通消费区域，稳定开展"疏港冷链运输+国内冷链干线"运输线路270余条，平台加盟冷链车辆15000台并不断快速增加，年度可完成冷链运输货量200余万吨，在进口大宗农产品冷链运输领域居首位。

优路仕一端连接货主，另一端连接承运商、车队或司机，通过区块链、物联网、大数据、人工智能等技术实现规模化、集约化运输管理，在以下几方面助推物流行业实现数字化转型：一是互联网扁平化管理模式，逐渐打破了行业层层分包的现状。传统线下模式从总包经过多层外包再到司机，沟通效率低，信息不对称的现象大幅增加了货主或托运方的物流成本。二是协助运力灵活调度，提升运输车辆的实载及周转率。大大缓解了单程运输车辆回程找货运输的难题，降低车辆空驶率，促进运输车辆更高效地运营。三是将传统的物流档口、货运市场交易转移到线上，业务流程步骤简单快捷。四是便于运力管理与税务监管。网络货运平台的数据按照特定的数据标准统一接入国家货运信息监测系统，实现商流、物流、资金流、信息流的多流合一。

凭借近年来在冷链物流仓储领域的精准投入及成功发展，优合集团已成为中国冷链物流百强企业、中国冷链仓储量50强企业。

（三）建立"优冷链"全球溯源系统

近年来，随着区块链技术的广泛应用，已经在各行各业显示出信任、共享、交易、效率、安全等方面的独特功能。农业巨头、食品公司、肉类生产商等机构将区块链技术应用在食品安全领域。作为冷链行业的先行者，优合集团早就将区块链技术植入系统。

新冠疫情在全球的蔓延，给中国冻品进口供应链带来了翻天覆地的变化。尤其是进口食品外包装新冠病毒核酸检测集中的时期，与之相关的追溯难、信息缺失导致防控力度难以把控等问题就暴露了出来。这种情况下，对于处于供应链关键环节且有能力的企业而言，建立起覆盖整条供应链、全方位、科学、高效、准确的溯源体系就显得更为迫在眉睫。优合集团从很早就开始了类似体系的建设，新冠疫情对进口食品供应链的冲击，让优合坚定了科技创新的信心，加快了对冻品溯源系统的开发。

2020年12月12日，优合集团正式对外发布了"优冷链"全球溯源系统，综合应用互联网、物联网、大数据、区块链等新技术，为每一件进口"冻品"贴上"身份证"，实现正向可追踪、逆向可溯源。该系统可采集每一个流通环节的信息及随附单证，包含了原产地、加工厂、通关、检验检疫、核酸检测报告、消毒报告、集中监管仓情况、收货企业等信息，形成"一码到底"的上下游溯源闭环，做到了冷链供应链溯源一体化贯通，推动疫情防控的精准检测预警和靶向监管。行业从业人员、监管人员或消费者，只需"扫一扫"就能全透明全开放获取产品的溯源信息。该系统对于民营企业而言，特别是进口冻品行业的企业而言，是较为完善的设计，也充分响应了国家对于推进进口冷链食品追溯体系建设的要求。

二、"优顶特"专家团队的进出口合规服务

优合集团将在完善现有进口食品安全管理措施的同时努力开发新的渠道和方式帮助进口食品供应链上下游企业落实进口食品安全相关法律法规制度。

一是信息传播。集团设立了单独的部门——优顶特研究院，专注肉类海鲜水产冻品生鲜供应链，在多个媒体渠道宣传进口食品安全相关内容，涉及法律法规、最新政策解读、进口食品安全领域报告等。曾发布的"进口碎肉品名""阿根廷禁止牛肉出口"等相关解读文章被海关总署等国家部委采用，为中央决策提供支持。

二是专题培训。优顶特研究院定期组织第三方开展进口食品法律法规相关培训。2021年以来，先后组织中小企业客户开展了进口冷链法规和海关监管方面的线上培训活动，以及《进出口食品安全管理办法》《进口食品境外生产企业注册管理规定》等新规章解读培训，受到广大中小企业客户的大力支持和热烈欢迎。

三是技术支持。除了信息传递、培训等工作，对于进口商及境外食品生产企业方，优合集团特别成立了"优顶特"专家团队帮助企业从技术上解决落实新规中遇到的问题。例如《进口食品境外生产企业注册管理规定》和《进出口食品安全管理办法》于2022年1月1日正式生效以来，不少境外食品生产企业向优合咨询注册流程以及产品技术上的问题，不少进口商对新规实施后需要自我调整的内容不清晰，"优顶特"专家团队第一时间对政策及实际操作内容进行了深入研究，并以此为基础连续数月对外提供新规解读文章供企

业参考，同时面向有需要的企业推出了一对一的技术支持服务。众多境外食品生产企业接受了"优顶特"专家团队的技术服务，不同种类的进口食品注册前期咨询、产品准入相关问题都在优合集团提供的第三方服务下得到了有效指导。

第一，一些希望开展对华出口贸易的企业，对中国进口食品方面的法律法规不了解，"优顶特"专家团队为这类企业提供了法律法规内容的逐条解析材料并定期开展视频交流，以授课加解答的方式让企业相关人员充分了解所需重点内容，帮助企业少走了许多弯路，规避了不必要的风险。第二，不少正在进行在华注册的境外食品生产企业，对中国监管部门提出注册要求或是实际注册的流程不了解，"优顶特"专家团队为这类企业推出了一对一的技术指导，为企业方提供匹配产品类别且完整的指导文件并一对一实时讲解相关内容。注册过程中，专家团队对企业方提供的注册材料进行多次审核，逐字逐句校对内容规范程度及准确性，对于企业准备不充分、不恰当的内容，明确指出并提供修改方案、样本示例并督促企业方完善。数家境外食品生产企业曾在"优顶特"专家团队的技术服务支持下顺利地通过了注册，开启或扩大了自身的对华贸易。第三，还有一些长期向中国出口冻品的海外工厂，输华产品外包装被检出新冠病毒核酸呈阳性，或是产品被检出其他问题，因而被暂停输华资质。"优顶特"专家团队为部分面临此类困境的境外食品加工企业提供了覆盖其整条生产线的食品安全防控技术指导，帮助这些企业筛查出食品在生产、加工、包装和运输中防控措施存在的漏洞、问题及隐患，并为其提供全面的整改措施和整改后的再评估服务。需要接受监管部门视频查验的海外工厂，"优顶特"专家团队还为其提供了模拟视频验厂服务，帮助这些企业避免了由于不熟悉视频查验流程内容而遭遇查验不合格的风险。

三、展望

长久以来，优合集团致力于赋能整条进口食品供应链，带动行业、产业和冷链的合规发展。集团旗下优顶特研究院自成立以来，以深厚的食品安全知识底蕴为基础，通过公众号、视频号、在线培训等方式持续向进口食品供应链上下游输送有价值的信息。由其主导开发的全球冻品工厂及信息交流互动平台，更是整合了进口冻品领域的方方面面，集信息传递、行情查询、供需买卖、行业交流于一体，为整个进口冻品行业的企业带来了莫大便利。此外，优合集团也在时刻收集上下游企业的最新需求，不断开辟新渠道、开发新功能满足行业所需，填补行业空白。

未来，优合集团也会时刻跟进国家政策、监管部门的要求、上下游企业的需要，持续创新，在进口食品安全合规等方面以身作则，为进口食品行业的蓬勃发展贡献力量。

撰稿：冯冠、马海波（优合集团优顶特研究院）

▶ 2.8.2　案例　中国出入境检验检疫协会：搭建进出口食品安全监管与行业桥梁

中国出入境检验检疫协会（China Entry-Exit Inspection and Quarantine Association，CIQA）（以下简称"检验检疫协会"）于1990年经民政部批准成立，其业务受海关总署和国家市场监督管理总局指导。在政府和会员之间，检验检疫协会充分发挥纽带和桥梁作用，旨在为保护出入境人员健康和工农业生产安全，以及促进包括食品在内的进出口商品质量提升，更好地为国家对外开放经济发展服务。检验检疫协会立足进出口食品安全，在服务政府、服务企业、服务社会方面开展了大量卓有成效的工作。

一、多维度助力进出口食品安全保障与高质量发展

（一）深化标准化建设，组织制定团体标准，参与国标、行标制定

多年来，检验检疫协会在食品农产品领域的标准化工作上做了

大量工作，包括参与标准制定以及对政府制定的法规、标准进行评议，如推动并参与了海关检验检疫 SN 行业标准新版《进境牛羊指定隔离检疫场建设规范》的修订；牵头海关检验检疫 SN 行业标准《进口肉类产品名称规范》的制标工作；参与了国家市场监督管理总局《冷藏冷冻食品销售质量安全监督管理办法（征求意见稿）》意见征集工作；承担了海关总署《海关指定监管场地管理规范》《进口食品境外生产企业注册管理规定》等法规的意见征集及评议工作；参与了《预包装食品标签通则》（GB 7718—2011）问答（修订版）、《预包装食品营养标签通则》（GB 28050—2011）问答（修订版）的意见征集工作等。在团体标准的制修订上，检验检疫协会成立了进出口食品标准化委员会，已发布《出口冷冻菠菜产品标准》6 个出口蔬菜团体标准，另有 8 个团体标准获准立项。

（二）聚焦"追溯"，参与进口冷链食品安全追溯平台建设

根据国家发展和改革委员会、财政部《关于做好世界银行贷款2020—2022 年规划备选项目申报工作的通知》，国家市场监督管理总局承担了"中国食品安全改进项目"部分的工作。为了配合国家市场监督管理总局的工作，检验检疫协会具体承担了进口肉类食品安全监管溯源平台（进口肉类追溯性平台+数字冷库存储+智慧冷链物流）项目，编写了进口肉类食品安全监管溯源平台可行性研究报告，制定了工作方案及采购计划和培训计划，该平台已纳入国家市场监督管理总局参与的世界银行项目，将最终在全国范围内建立起统一的进口冷链食品安全追溯平台。

（三）关注口岸营商环境，帮助企业解决进口货物物流受阻问题

2020 年年初受新冠疫情影响，检验检疫协会陆续接到从事冻品贸易的会员单位反映的在口岸、市场等环节遇到的困难和问题，从反馈的信息中，检验检疫协会组织专人对上报的材料进行汇总和整理，及时向国家口岸管理办公室、海关总署口岸监管司、商务部外贸司及国家市场监督管理总局等政府部门致函反映问题，帮助会员企业解决进口货物物流受阻问题。同时致函国务院参事室介绍有关情况，分析造成此类问题的原因，反映企业诉求。检验检疫协会的积极呼吁和沟通协调，得到了国务院参事室的重视，参事室一行7人于2021年2月莅临检验检疫协会，就进出口冻品企业在疫情期间存在困难进行调研，会后，国务院参事以内参的形式将调研报告和建议提交到国务院。

二、以专业化服务发挥协会的桥梁和纽带作用

第一，细化业务，提供专业化服务。检验检疫协会对业务进行细化和专业化分工，汇集行业智慧与资源，增强检验检疫协会的核心竞争力，提高专业化服务能力。2021年1月，检验检疫协会在原有食品委员会的基础上，深耕冻品领域，成立全球冻品供应链分会，专注于生鲜食品产业链，包括从种植、养殖的源头到加工成产品，最后由销售网络把产品送到消费者手中的所有环节，打造"全球冻品供应链企业联盟服务平台"，完善资讯数据，为在线上开展优质咨询服务、产品展示、企业互动创造条件，在检验检疫协会层面探讨助推冻品防疫险运用的可行性。努力扩大影响，提升检验检疫协会在中国冻品供应链行业的话语权。

第二，面向会员，开展信息咨询、协调解决进出口事务。及时将最新行业信息推送给会员。在《进口食品境外生产企业注册管理规定》《进出口食品安全管理办法》实施之际，检验检疫协会整理相关资讯文章，发布注册攻略，供各方参考，攻略发布后，受到各方好评及转发，点击量超2万次。此外，发挥检验检疫协会专家、顾问团队的优势，为会员单位提供咨询、论证及进出口事务解决方案等服务。例如，会员单位反映某食品通关遇到困难，该批货滞留机场，带来损失，经沟通，该问题解决，企业顺利通关。又例如，帮助会员单位协调外方，解决出口食品接触产品通关问题，等等。

第三，面向企业，邀请行业专家，开展培训工作。培训内容包括进口预包装食品标签、国外屠宰加工技术、进口肉类法律法规及标准、出口食品HACCP体系、进出口食品政策法规交流、企业进出

口资质办理流程、进出口产品通关流程，邀请海关总署进出口食品安全局相关处室负责人对《进口食品境外生产企业注册管理规定》《进出口食品安全管理办法》进行解读和答疑等，为企业送上一波看得见、摸得着的智慧助力，切实帮助企业发展纾难解困，观众收看积极性高涨，为行业带来深入市场的趋势洞察，为企业未来发展提供参考与指导。

第四，举办展会展览，促进进出口贸易发展。检验检疫协会主办多年的中国国际肉类、食品及水产品展览会和北京国际果蔬展览会在行业具有较大影响。每年吸引20多个国家、行业协会及数千家企业参会参展，展会同期还举办相关行业国际论坛、研讨并帮助会员单位搭建展销对接平台。这两个展会已经成为进口食品农产品领域重要的展会，成为极具影响力的进口食品农产品行业的采购盛会，对于推动世界食品行业的发展起到重要作用。

第五，维护会员利益，提供法律援助和违规举报服务。检验检疫协会陆续接到会员单位反映境外肉类企业的不诚信行为。为此，协会多次致函有关国肉类输华国家驻华使馆及行业协会反应该国某些企业在经营中存在不守信用和欺诈行为，直接伤害中国企业的合法利益。希望引起当事国政府方面的重视，要求针对伤害中国企业利益的事件展开调查，并希望提出合理化解决方案。同时，逐个告知中国肉类进口企业有关境外企业的失信行为，尽量阻断损失。调研过程中了解到，有的境外企业甚至和这些有争议的企业停止了贸易往来。为更好地做好此项工作，检验检疫协会还专门形成了文字材料，将企业遇到的问题和检验检疫协会所做的工作报送相关政府部门，供政府部门决策参考。

第六，在国际合作方面，检验检疫协会自成立以来，已与美国、法国、德国、巴西、加拿大、澳大利亚等40多个国家和地区的使馆、行业组织建立合作关系，开展高层的访问和实地考察，联合举办研讨会等，就信息沟通、人员互访、法规宣传贯彻及市场开拓等方面进行交流，签署了有关食品、农产品等行业的合作备忘录，共同促进贸易发展。通过举办各国食品农产品行业机构交流座谈会、国际进出口食品政策与法律法规交流会、国际果蔬大会，举办双方交流活动，如中巴、中乌、中荷、中西、中澳进出口食品相关政策法规与贸易交流会，与澳大利亚农业部在北京共同举办亚太经济合作组织（APEC）乳制品和粮食的非关税壁垒研讨会，与日本国际农业交流协会开展中日水稻项目合作等，帮助相关国家及会员单位搭建技术与贸易交流的平台。

三、展望

中国全力实施"十四五"规划的关键时期，要准确把握新发展阶段，深入贯彻新发展理念，加快构建新发展格局，推动"十四五"时期高质量发展。检验检疫协会也将积极贯彻落实新发展理念，加强创新，以服务政府和服务企业为核心，做好政府和企业沟通的桥梁，结合食品农产品贸易的飞速发展和国际贸易新业态的蓬勃兴起，协助政府进行行业管理，保障会员合法权益，扎实做好各项服务，推动食品农产品进出口贸易的繁荣与发展。

此外，在我国进出口食品安全领域，行业协会、学会和商会等组织的存在，在政府监管与企业合规中充当了参谋助手，发挥着桥梁纽带作用。通过举办各类丰富多彩的活动，相关组织积极致力于指导和帮助企业改善生产经营管理和开拓市场，诊断问题并及时提出改进意见和建议。例如，除了检验检疫协会，中国报关协会（China Customs Brokers Association，CCBA）也充分发挥了在原有海关业务上的技术优势，在向官方外贸企业宣传贯彻海关与检验检疫业务融合方面，作出了突出的贡献。中国报关协会于2002年12月11日成立，是经中华人民共和国民政部注册，由在海关注册的报关单位、依法成立的其他相关企事业单位、科研院所、社会团体等有关人士自愿结成的全国性、行业性社会团体，是非营利性社会组织。2018年党和国家机构改革以来，中国报关协会在进出口食品安全方面，先后举办了"粮油食品行业贸易合规沙龙"等线下交流活动，为会员搭建"政企沟通平台""行业交流平台""服务对接平台"，多次开展线上培训交流活动，由货主企业分会"行业讲师课堂"聘请业内专家线上宣讲进口食品境外生产企业注册新政在行业反响强烈，筹备海关进出口"知识服务平台"，专设进出口食品板块，从法律法规、技术标准、行政许可、认证资讯等角度创建沉浸式"知识库"，解决进出口食品贸易领域标准多、门槛高的难题，为宣传贯彻进出口食品安全监管要求提供技术支持。

作者：方其琼（中国出入境检验检疫协会农食部主任）

2.9 问题：社会共治之专家参与

近年来，全国食品安全形势持续向好，但是因食品安全风险点多、监管难度大，当前的食品安全工作依然面临诸多的困难与挑战。在巨大利益的驱动下，许多企业的不法行为屡禁不止。以2022年央视"3·15"晚会曝光的"土坑酸菜"事件为例，涉事企业此前就曾因违反食品安全法，被当地市场监督管理部门实施过行政处罚。那么，公众不禁要问：为什么已有"前科"的企业依然继续违法生产？政府做出行政处罚，效果为何不佳？食品安全监管方式如何能够创新和完善？企业如何能够为食品安全做出努力？2015年修订的《食品安全法》明确了食品安全工作要坚持"预防为主、风险管理、全程控制、社会共治"的原则，其中，"社会共治"的提出体现了食品安全治理理念的重大转变。之所以提出这一重要的理念，原因在于食品安全社会共治有助于解决政府监管资源的有限性，能够发挥和利用多元主体的力量，弥补政府、市场的双重失灵。同时，食品安全社会共治不仅仅是治理理念的问题，要求将平等协商、理性沟通、相互信任、信息公开、评估完善等原则加以深入贯彻之外，尚需要监管体制改革以及对经济社会系统综合性调控，对此，机制性的建构不可或缺。

首先，食品安全社会共治中主体包括了政府、企业与第三方监管力量。这也意味着需要不断增强企业自我监管的意识，持续优化自上而下的政府监管方式，培育第三方组织继续加强自下而上的监管力量。作为食品生产经营主体，企业是食品安全的责任者，食品企业的自我监管在于通过内部控制系统，包括对生产相关技术的改进和监测，从而确保食品安全。食品安全作为公共议题也必须发挥政府的监管作用，在组织整合之后，政府监管的效能应当成为重要的目标取向，引入各种检查、信用机制以及利用数字技术展开监管正成为提升政府监管效能的重要内容。而由于中国食品生产经营主体数量较大、食品产业链条复杂、食品企业信用问题突出等现状，食品安全监管仅依靠政府监管力量显然独木难支，故而利用第三方展开自下而上的监管也是极为有益的，如依靠第三方审核，提高食品生产经营主体的合规率。在第三方组织中，消费者协会、行业自律组织应当发挥重要的作用，其既能够代表企业与政府沟通，又能够与消费者共同维护安全权益。食品安全社会共治的框架中，消费者举报是食品社会共治机制中重要的环节，对此无论是立法者还是行政实践者均极为重视，各地政府制定和完善了食品安全举报制度，鼓励消费者对食品不安全生产经营信息进行举报，有些地方的奖励金额最高可达到 30 万元。如何能够合理鉴别举报的有效性，成为未来需要认真探讨的课题。

其次，食品安全社会共治是在多中心、多元化协同架构中推进的，主体的多元性也导致监管责任、权利等分配变得更为复杂。一是食品安全生产经营者的自我监管责任；二是则是政府负有的食品安全监管职责，这种职责同时包涵了对食品安全生产经营者自我监管责任的监管，形成了一种新的监管形式和内容；三是各种不同类型、不同场域中的消费者即为食品安全社会共治的权利人，社会组织的作用则在于集中这种权利，用以对企业与政府形成影响。食品安全社会共治建立机制及其运行应围绕这三层内涵来展开设计，既保障监管有力，又实现权利保障。

再次，食品安全社会共治要强化多元主体的互动。食品安全问题事关所有主体，但是如何能够使多元主体完全发挥作用，就极为重要。政府应当尽可能地鼓励各主体发挥作用，加强企业的自我监管。通过更好的制度设计优化政府自上而下的监管方式，同时加强自下而上的社会监管。各种社会组织，如消费者协会、行业协会、非政府组织、媒体等第三方监管力量以及专家、消费者均应参与其中。但是应当注意的是，这些主体要发挥作用，绝不可能是单打独斗，增强彼此之间的互动是食品安全社会共治得以实现的关键。食品安全社会共治的核心理念在于减少行政干预，为社会、市场提供全方位的服务，所以其一方面要履行监管职能，更重要的是在于培育、促进多元主体之间的信任与互动。要强化企业的自我监管，提升企业的诚信意识、法治意识和主体责任意识，明确多元主体的角色和行为选择，协调多元主体的利益关系，鼓励社会公众的参与和监督，构建有效的食品安全制度保障体系。要在强化食品企业自我监管和政府问责的同时，唤醒和激发每一个利益相关方的积极性，明确和落实食品安全各利益主体的责任，使食品安全社会共治格局制度化、长期化和常态化。要进一步关注自我监管、政府监管、合作监管的互动，进而形成监管的合力。不能简单地将食品安全社会共治理解为"政府监管或是自我监管"的二元选择问题。这种假设似乎是将自我监管作为政府监管的替代方案而存在，然而自我监管所体现的自治、协调、合作的内涵亦不容忽视。一方面，自我监管要强调市场的作用；另一方面，国家要建立回应自我监管发展的法律结构，实现对自我监管的再监管。

最后，特别需要就共治互动中的专家参与加以重点分析。现代食品离不开科学技术的发展，也使得食品安全监管离不开专家的参与。如《食品安全法》中规定成立食品安全风险评估专家委员会、食品安全国家标准审评委员会等，依靠和吸纳科学专家展开有效的政府监管。专家参与食品安全社会共治的意义在于使得政府监管能够与科学机构团体、专家以及社会公众展开有效的沟通与合作。专家作为"桥梁"，联结了政府、科学机构团体与公众，化解不同主体之间的认知差异，使得食品安全社会共治能够迅速实现。专家参与食品安全社会共治的方式包括：一方面在重大行政决策程序中，专家参与作为维持行政决策系统良性运行的关键子系统，其以问题发现与研究、发表意见、跟踪反馈、评估评价4个环节为参与流程，往往能够率先发现食品安全监管问题，能够及时以专家咨询、专家论证、专家评审、专家听证等方式发表意见，且会进一步跟踪反馈与持续评估，弥补其他主体在专业层面的不足。另一方面，专家会通过各种渠道、方式加强与公众的风险交流沟通，实现食品安全社会共治的民主化进程。当然，在这个过程中，需要切实为提升专家社会公信力建立专门的机制。

民以食为天，期待中国的食品安全法治建设能够保障公众获取安全、健康的食品。食品安全监管是一项长期而艰巨的任务，每天都有着大量的食品上市供应，食品与环境、农业耕作、生产工艺等相关联，潜在风险随时存在。食品安全一直是全球公共健康的主要挑战，根据世界卫生组织的统计，全球每年食物中毒者约6亿人次，造成约42万人死亡。对于食品安全事件，不能仅仅采取行政处罚的监管方式，还要从社会共治的视角，探讨政府、企业等主体各自的责任。中国在食品安全社会共治作出了许多的探索，如建立与完善了企业食品安全控制制度、食品安全奖励制度、黑名单制度、信息公示制度以及食品安全公益诉讼制度、媒体监管的法律制度等，这些均为实现食品安全社会共治提供了制度保障。未来，还应当从监管与合规良性互动出发，进一步创新监管理念、监管方式，堵塞漏洞、补齐短板，使食品安全社会共治能够真正建立相应的机制、能够真正产生运行的实效，切实推进食品安全领域国家治理体系和治理能力现代化。

评析：高秦伟（中山大学法学院教授、博士生导师，中国市场监督管理学会理事）

▶ 2.9.1 案例 中国人民公安大学食品药品与环境犯罪研究中心：以理论服务实践，以实践深化理论

中国人民公安大学食品药品与环境犯罪研究中心是中国人民公安大学正式设立的非在编科研机构，主要研究领域为危害食品药品安全犯罪与破坏环境资源犯罪的防范与治理。食品药品与环境犯罪研究中心前身是组建于 2013 年年初的中国人民公安大学犯罪学学院食药犯罪研究团队。2015 年 8 月，学校批准犯罪学学院正式成立"食品药品犯罪研究中心"。随着研究的深入，校内外的研究力量和实务部门的专家学者及执法人员不断加入团队之中。为严厉打击食品药品环境领域违法犯罪行为，切实保障广大人民群众生命财产安全和身体健康，推进食品药品环境犯罪的科学治理，2016 年 4 月 27 日，经校党委会研究决定，犯罪学学院"食品药品犯罪研究中心"升格为中国人民公安大学"食品药品与环境犯罪研究中心"。中国人民公安大学犯罪学学院李春雷教授担任中心主任，团队汇集了犯罪学、刑法学、刑事诉讼法学、行政法学、刑事科学技术、情报分析等各类专业学术背景研究人才，不断吸收各地一线执法办案人员，综合交叉，纵深发展，集理论研究与实践探索于一体。

一、理论与实务研究概述

（一）重大课题研究：深度参与立法司法工作

2013 年以来，食品药品与环境犯罪研究中心在李春雷主任的带领和团队的共同努力下，先后承担了多项重大课题研究，深度参与相关领域立法司法工作，出版相关著作若干。

牵头主持国家重点研发计划项目《重大活动食品安全风险防控警务模式及关键技术研究》（项目编号 2018YFC1602700）。党的十八大以来，我国积极参与全球治理，相继在各地举办各类重大活动，逐渐成为国际政治、经济、文化交流重要舞台。而现代技术、文化

冲突、社会割裂裹挟而来的公共风险，极大增加了此类活动中食品安全风险防控和警务保障压力。面对重大活动中食品安全风险防控毒害危险物难防范、难预警、难处置等问题以及"一地一策"警务执法现状，本项目开展全链条防范、现场实时快检准检、智能研判、高效处置等关键技术和科学化、规范化、信息化警务模式研究。针对重大活动食品安全风险防控需求，开展"检测、防范、情报研判、现场救援与处置"四位一体风险防控与警务执法深度融合模式研究，优化、设计集风险预判与识别、情报分析、现场勘查与救援、秩序恢复等于一体的危机警务执法模式。实现对毒害物全链条防范、实时精准检测和食品案（事）件的智能研判与高效处置，显著提升了重大活动食品安全风险防控能力与效益。

此外，团队承担了最高人民检察院部级课题《"反向移送"视角下行政执法与刑事司法衔接机制研究》、国家市场监督管理总局重大课题《食品违法案件的货值金额与违法所得计算难题研究》《食品安全执法稽查风险研究》、公安部《重大活动食品安全防范与应急处置警务机制研究》、中国法学会《行政执法与刑事司法衔接问题研究——以行政执法与刑事侦查衔接为重点》、原国家食品药品监督管理总局《总体国家安全观下我国食品安全战略研究》《食品药品安全行政执法与刑事司法衔接机制研究》《我国假药劣药认定标准与认定机制完善研究》等多个国家级、省部级课题，以及公安大学领军人才项目《"食品安全战略"框架下食品犯罪防控体系建设研究》《现阶段我国食品药品犯罪防治研究》等中央高校基本科研经费项目课题。

牵头协助起草了2015年最高人民法院、最高人民检察院、原国家食品药品监督管理总局、公安部等五部委联合制颁的《食品药品安全行政执法与刑事司法衔接工作办法》；深度参与《中华人民共和国疫苗管理法》《中华人民共和国药品管理法》《关于办理危害食品安全刑事案件适用法律若干问题的解释》等制定修订工作，及《食品安全司法鉴定制度构建》《食品中可能违法添加的非食用物质名单（2021）》等课题研究及在此基础上全国规范性文件的制定；参与完成《重大活动食品安全风险评价指标体系（发布版）》等团标；为原国家食品药品监督管理总局、国家市场监督管理总局、公安部主办的培训班及各地多部门联合举办的食药执法培训班授课近100场。

撰写出版《危害食品安全犯罪专题研究》《食药安全行政执法与刑事司法》《网络食品药品与知识产权案件查办实务》《食品案件中涉案物品检测鉴定：问题与对策》《食品药品与环境资源犯罪年度分析报告》《犯罪预防理论与实务》《防控与侦办：食药犯罪实证研究》《惩治与保障：食药犯罪规范研究》《食药案件稽查与侦办法律规范指引》《涉网食品药品与知识产权案件查办实务》等多部食药专著、译著、编著（详见图2-12）。目前团队正在编撰"食品药品环境与知识产权犯罪治理丛书""重大活动食品安全风险防控丛书"等大型丛书。

图2-12　食品药品与环境犯罪研究中心组织撰写的部分图书

（二）《食药环知参考》：打造学术交流与实践探索智库

自2016年起，食品药品与环境犯罪研究中心主办、研究中心主任李春雷教授主编的学术内刊《食药环知参考》，每季度一期、每期2万字，截至2022年6月，已连续编发26期。

《食药环知参考》旨在汇总食药安全资讯，探讨食品药品安全前沿问题，分享阶段性研究成果，通过食品药品政策解读、前沿热点评析、域内外比较研究等，汇集业内人士对食品药品安全的真知灼见，为食品药品安全监管和食品药品违法犯罪治理提供有价值的决策参考。主要围绕"食药环知"领域理论与实践问题，聚焦学术热点，关注司法实践，助力案件查办，刊发主题包括：食品类犯罪治理理论与实践、药品类犯罪治理理论与实践、环境资源类犯罪治理理论与实践、知识产权类犯罪治理理论与实践、生物安全问题研究、种子安全问题研究、食药环知案件涉案物品的专业认定问题研究等。

《食药环知参考》面向广大从事"食药环知"领域学术理论、政策法律、技术设备研究和一线侦查、情报研判、检测鉴定工作的业内同仁，目前每期电子版均受邀首发公安部食品药品犯罪侦查局"食药侦查大练兵平台"，在食品药品、公安领域影响广泛、广受好评，为食品药品安全监管与违法犯罪的防控决策提供及时参考，已成为食品药品与环境行政监管部门、犯罪侦查诉讼机关以及科研院所进行学术交流与实务探索的重要智库。

其中，第24期《食药环知参考》以"食药环快检"为专题，关注执法司法实践中涉案物质检验检测问题，理论聚焦板块详细介绍了比色法和分光光度法、光谱分析法、免疫学检测技术、PCR（聚合酶链式反应）检测技术、生物芯片检测技术等当前食品安全常用快速检测技术及特点；疑难解析板块则对功能食品中减肥类非法添加物检测方法存在的问题及对策展开分析，提出建立高通量的减肥类功能食品中化学药品非法添加物快速检测方法，建立高检出率减肥类功能食品中非法添加化学药物的理化、胶体金法、离子迁移谱、红外光谱法、拉曼光谱法等现场快速检测方法；实践探索板块分别介绍了食品安全快检应用较为广泛的山东、黑龙江、南京、无锡四个省市的建设情况，为执法办案中快速检测技术的发展和应用提供重要参考和指引，例如，山东省公安厅食品药品与环境犯罪侦查总队于 2017 年 3 月会同厅物证鉴定中心制定下发《全省市、县公安机关食药环快检实验室建设配备标准》，2017—2019 年，山东省16 市、137 个行政县已全部按照标准，逐步建成了覆盖省、市、县三级公安机关的食药环快检实验室，并在实战中发挥了重要作用。经过几年的探索与实践，山东省初步形成了"先期取样快检—锁定检测方向—第三方机构确认—立案侦办"的快检技术应用模式，累计发现线索 2000 余条，侦破案件 300 余起。

（三）食品药品安全保护论坛：搭建跨界深度交流平台

食品药品安全保护论坛是由食品药品与环境犯罪研究中心主办的年度论坛，自 2016 年起食品药品安全保护论坛已连续举办 5 届。2016 年，首届"食品药品安全保护论坛"以"稽查与侦办——政策解读　疑难探析　经验交流"为主题。论坛汇聚全国各地公检司法机关、食品药品行政监管部门、技术领域、行业企业及学术界的有关领导、专家学者、一线执法办案人员、技术人员等，共同助力食品药品安全保护，为全国各地不同行业搭建了重要的沟通交流平台，也为推动各地执法机关、技术部门、企业组织进行深度合作发挥了积极作用。2017 年主题为"前沿探析　热点关注"，围绕"食品药品安全保护的前沿问题""食药犯罪侦查中的法律适用""食药行政执法重点问题""企业参与打假的难点问题"等主要论题展开交流研讨；2018 年围绕"食药案件的检测鉴定、危害评估及证据运用"主题进行研讨；2019 年聚焦"食药安全风险与规范应对"，围绕"危害药品安全犯罪治理的实践与挑战"与"危害食品安全犯罪治理的实践与挑战"进行主题研讨；2020 年重点关注"药品安全保护与刑事立法"，围绕药品法律修订与适用进行探讨。

在上述研讨中，食品行业与监管关注的重点议题是"食品安全治理中的风险与规范应对"，在 2019 年《食品安全法实施条例》颁布的背景下，与会人员围绕食品药品犯罪总体特征及治理、有毒有害的认定与食品安全风险评估、保健食品监管中的法律问题、生产销售有毒有害食品罪基本犯既遂认定、广义刑事政策视域下食品安全的治理等问题进行了分析，并提出建议。

二、课题：解决食品安全违法案件货值金额、违法所得计算难题

2020年，受国家市场监督管理总局委托，食品药品与环境犯罪研究中心承担了"食品安全违法案件货值金额、违法所得计算难题研究"课题。

长期以来，"货值金额"和"违法所得"的合理计算，是食品行政处罚得以正确适用的前提，然而其计算一直都是困扰食品稽查执法的一个难题由于"货值金额"和"违法所得"属于不确定法律概念，行政主管部门往往仍需要基于具体执法需要就现实中遇到的"货值金额"和"违法所得"的计算问题，通过"通知""批复""复函"等形式制定规范性文件来回应，但是，这些规范性文件因其制定主体的理解不同，而对"货值金额"和"违法所得"的计算标准不一、内容各异，这不仅没有有效地解决执法难题，反而令案件查办更生困惑。这一问题在党和国家机构改革组建市场监督管理总局之后更加突出，严重影响到食品安全违法案件的办理。

针对实践中"货值金额"和"违法所得"的计算标准不一、内容各异的问题，食品药品与环境犯罪研究中心研究团队分别赴山东省（济南市、青岛市、威海市）、河北省（廊坊市）、辽宁省（沈阳市）、四川省（成都市）和重庆市等地的市场监督管理部门开展调研，了解这些省市在食品稽查领域特别是食品安全违法案件货值金额、违法所得计算实务方面的基本情况，选取实践中的数个典型案例进行深入剖析，并详细梳理了相关法条和各类函件，充分借鉴刑法上的货值金额和违法所得计算方法。团队在梳理完成《关于全国部分省市食品安全违法案件货值金额、违法所得计算执法实践的调研报告》《刑法上的货值金额和违法所得计算的考察报告》《食品安全违法案件货值金额、违法所得计算典型案例汇编》报告的基础上，首次将困扰实践多年的几个问题予以明确。

第一，明确了货值金额和违法所得的定义。货值金额，是指生产经营者违法生产经营食品、食品添加剂以及食品相关产品的市场

价格总金额。违法所得，是指行为人实施食品安全违法行为的全部收入，召回的产品应予扣除。

第二，明确了货值金额的计算范围。食品安全违法案件涉案产品的货值金额包括已售出、赠出或者使用的产品和未售出、赠出或者使用的产品的货值金额，召回产品的货值金额不得扣除。

第三，明确了货值金额的计算标准。食品安全违法案件涉案产品的货值金额是食品生产经营者违法生产、经营、赠予、使用产品的数量与该产品单价的乘积。违法生产、经营、赠予、使用产品的单价按销售明示的标价计算；没有标价的，按同类产品的合理市场价计算；如无法确定单价的，应当委托法定的估价机构估价。

第四，货值金额和违法所得的数额与量罚关系。鼓励各地方市场监督管理部门根据涉案产品货值金额和违法所得的数额大小依法制定食品安全行政处罚适用规则和裁量基准。

2021年9月23日，在食品药品与环境犯罪研究中心的课题研究成果基础上，国家市场监督管理总局办公厅印发《关于食品安全行政处罚案件货值金额计算的意见》（市监稽发〔2021〕70号），明确了市场监督管理部门办理食品安全行政处罚案件涉及的货值金额的计算范围与计算方式，进一步推进了这一困扰执法实践多年的难题的解决。

三、工作展望

食品药品与环境领域违法犯罪行为是严重影响人民群众合法权益、破坏社会和谐稳定的社会公害，食品药品与环境犯罪治理，是一件功在当代，利在千秋的事情。

食品药品与环境犯罪研究中心团队已走过近10个春秋，现已成长为一个理论与实践密切结合、多学科纵横交叉、知识与经验相互补充、教学与科研互为支撑的团队。

虽难比千钧之棒，惟盼做引玉之砖。未来，食品药品与环境犯罪研究中心将在李春雷教授的带领与团队的通力合作下，继续秉持"关注实践，注重实效"的研究理念，坚持理论研究与社会实践相结合，深度耕耘、集思广益、凝聚共识，不断出品更好的研究成果，并大力推动研究成果的实践转化，服务立法执法，服务社会公众，以理论服务实践，以实践深化理论，为我国食品药品与环境安全更上一级台阶贡献微薄之力。

撰稿：魏麟（中国人民公安大学食品药品与环境犯罪研究中心）

▶ 2.9.2 案例 中国人民大学食品安全治理协同创新中心：以"食品安全工作坊"为依托构建长效合作机制

中国人民大学根据"国家急需、世界一流"的总体要求，系统整合法学院、公共管理学院、农业与农村发展学院、环境学院、国际关系学院等校内资源，2013年3月成立食品安全治理协同创新中心以下简称"协同创新中心"。协同创新中心现有研究人员近百人，涉及法学、公共管理、食品科学与工程、新闻学、环境科学与工程、统计学、信息科学、计算机科学、农林经济管理、政治学等多学科专家。协同创新中心自成立以来，以交叉学科集体攻关食品安全治理的理论和实践问题，在人才培养、学科建设、科学研究、智库建设、社会服务、国际合作等方面取得重要进展。

协同创新中心以实现食品安全治理体系和治理能力的现代化为目标，根据食品安全治理的一般规律，从我国的实际情况和重大需求出发，从治理主体多元协作、治理机制协调整合、治理环节无缝对接、强化法治保障四个层面，在食品安全法治、食品安全政府监管、食品安全社会参与、食品安全环境治理、食品安全标准体系、食品安全风险治理、食品安全国际合作与国家安全等七个方向展开协同创新研究。

协同创新中心以建立健全现代化的食品安全治理体系、改善提升食品安全治理能力、全面实现食品安全治理的法治化为建设使命，全面创新协同创新中心的体制机制，汇聚和培养食品安全治理专门人才，强化学科交叉融合，建设以重大任务为牵引的研究平台，促进"政产学研用"的结合，全面提升人才、学科、科研三位一体的核心能力。

近年来，在监管与合规领域，协同创新中心做出了一系列有力探索，并取得了丰硕成果，尤为突出并产生较大影响的是打造了"食品安全工作坊"这一常态化食品安全治理合作平台，通过这一平台，协同创新中心在推动监管与合规领域实现了理论界与实务界的及时、有效对接。

一、以"食品安全工作坊"为依托，建立长效合作机制

"食品安全工作坊"（以下简称"工作坊"）是针对食品安全重大问题领域启动的跨学科合作研究工作坊，从2017年开始，先后以"食品安全责任法律问题""食品追溯体系建议与完善""《食品安全法实施条例》的修订和责任到人制度研讨""社会信用体系建设的法治之道"等为主题举办了15期食品安全治理研究工作坊。历次工作坊有来自国家市场监督管理总局、最高人民法院、最高人民检察院、北京法院系统，各地市场监督管理局等实务界的专家，以及来自中国人民大学、中国政法大学、中央财经大学、国家行政学院、中国法学会食品安全法治研究中心等高校研究机构的学者和来自行业协会、食品经营企业的代表参与研讨。

工作坊的定期开展，一方面，其研究成果为国家食品安全监管法律政策的制修订提供了学术支持；另一方面，其活动机制促进了政府、企业、行业组织的对话与合作，随着工作坊研讨的不断深入，也使协同监管与合作作为一种可持续发展的长效机制得以贯彻。而从历次工作坊的主题来看，工作坊具备实践性、前瞻性、创新性等多个特点（历次工作坊报告见表2-3）。

表 2-3 "食品安全工作坊"主题一览表

时间	主题
2017. 05. 18 第一期	食品安全责任法律问题
2017. 07. 21 第二期	食品消费领域惩罚性赔偿制度
2017. 10. 20 第三期	《食品安全法实施条例》的修订和"责任到人"制度
2017. 12. 07 第四期	食品追溯体系建议与完善
2018. 04. 13 第五期	食品安全信用监管制度的建设与挑战
2018. 06. 26 第六期	《食品安全法》第 136 条"尽职免责"适用法律问题
2018. 09. 26 第七期	食用农产品的安全监管
2018. 12. 19 第八期	《食品安全法实施条例》的最新进展
2019. 12. 11 第九期	《食品安全法实施条例》行政处罚规定和适用
2020. 07. 25 第十期	《行政处罚法》修订草案与市场监管
2020. 08. 12 第十一期	社会信用体系建设的法治之道
2020. 12. 12 第十二期	《食品安全法》研究性修订

表2-3续

时间	主题
2021.10.17 第十三期	互联网时代下的食品企业数据合规新重点—— 聚焦《个人信息保护法》下的行业合规
2021.11.20 第十四期	进出口食品新规概述
2021.11.20 第十五期	《关于办理危害食品安全刑事案件适用法律若干 问题的解释》的企业合规与法律适用

工作坊的一个重要优势在于能够充分发挥高校、政府、行业协会、消费者组织、企业的优势与活力，开展特色主题研究，追踪行业热点、专题特别报告、权威学术指引、促进国内外信息交流，同时汇聚国内外食品安全治理相关法规政策及动态学术研究，积极发挥食品安全治理政策智库的作用。

从已开展的工作坊活动可以看出，其主题紧密围绕最新立法动向开展，并致力于积极回应现实需求，例如曾先后围绕《食品安全法实施条例》《行政处罚法》《食品安全法》《个人信息保护法》《关于办理危害食品安全刑事案件适用法律若干问题的解释》等展开讨论。

除了关注宏观与全局性的问题外，工作坊更加关注具体制度的实施与运用，也会对相关法律法规开展追踪式的研讨，如针对《食品安全法实施条例》，就曾围绕其修订和"责任到人"制度、最新进展、行政处罚规定和适用开展过三次不同主题的工作坊。具体而言，针对"《食品安全法实施条例》的修订和责任到人制度"这一主题，围绕食品安全领域建立双罚制度，对于如何完善食品安全领域"处罚到人"制度，从职业发展、组织规范、制度细化三个方面提出了可行性建议；针对《食品安全法实施条例》的最新进展撰写的报告——"后《食品安全法实施条例》"的法制进展与执法完善，则提出从"要我合规"到"我要合规"来强化主体责任、从

"一刀切"转向回应性的"一刀一刀切"、从单项制度的可操作性到多项制度的组合效应等。

二、促进研究成果的凝练和转化，为政府、行业企业提供重要智力支持

在各项课题研究与工作坊的基础上，协同创新中心坚持专业化、精细化、规范化的方针，对研究取得的学术成果及时进行总结提炼，坚持出成果、促发展，为政府、行业企业提供重要智力支持。每期工作坊结束后，都会根据当期工作坊内容汇总撰写报告，部分发布在《食品安全报》《工商行政管理》《中国市场监管报》等媒体，通过及时共享工作坊的成果，为政府、行业、企业提供了不同程度的监管与合规思路，既能够一定程度上为政府提供不同视角的监管思路、又能为行业企业及时答疑解惑，这也是工作坊服务社会定位的体现。

1. 坚持协同共治

秉持"协同创新"的理念，工作坊重点关注协同共治，认为应当在食品安全治理领域建立一种综合的协同思维，强调政府、企业、行业组织的配合。政府、企业、社会、消费者和科研专业人士，都应该在协同共治的格局中发挥各自的优势，彼此配合。例如，针对关于完善食品安全追溯体系相关制度的建议，提出应通过企业的追溯系统、政府的监督管理，以及行业的参与引导，来实现食品安全追溯工作的多元共治。发表在《中国医药报》的文章更是以责任的共担为例，阐述了企业、政府监管部门、行业组织在追溯系统的构建与运用中如何具体配合。而针对社会信用体系建设的法治之道，则提出可以通过"食品安全信用档案+严重违法失信名单+联合惩戒"的方式来构建食品安全领域内的信用监管方案。

2. 为政府建言献策

协同创新中心和工作坊都致力于为国家重要决策、立法提供智力支持，对重大观点进行转化。例如，围绕"《食品安全法实施条例》行政处罚规定和适用""社会信用体系建设的法治之道""互联

网时代下的食品企业数据合规新重点——聚焦《中华人民共和国个人信息保护法》下的行业合规"等多场工作坊的报告被提交至国家市场监督管理总局法规司、全国人大法制工作委员会、发展和改革委员会、中央网信办政策法规局等。

除此以外，工作坊还特别关注地方政府在监管领域的探索和实践，例如，"食品安全信用监管制度的建设与挑战"工作坊，关注到了北京的优秀实践，为规范市场秩序，北京工商部门很早便开始探索信用这一监管工具，并经历了从内部使用和外部公开的转变。尤其是后者，不仅对接了有关"信用中国""国家企业信用信息系统"建设的要求，也突出了地方对于商务诚信建设的重视。又如，围绕"食用农产品的安全监管"，工作坊提出要结合地方试点的经验，通过优势互补，构建具有全国推广意义的合格证管理制度，并通过《农产品质量安全法》的修订为其提供法律基础，包括利用地方案例中的跨部门合作成果探索国家层面的部门协作方式。

3. 为行业答疑解惑

强化和发挥行业及行业协会的作用，能够最大程度地保护消费者权益，为监管与合规提供助力。在这个方面，从食品安全信用监管制度这一主题工作坊得以窥见。针对关于食品安全信用监管制度的建设与挑战，工作坊提到行业协会在食品安全信用监管方面具有技术、专业方面的优势。对此，借助这些资源不仅可以形成信用制约的合力，也可以探索优势互补的可能。鉴于食品安全信用监管制度建设中的地方主导，使得监管的制约效果受到地域管辖权的限制。对此，行业协会的优势在于跨地域的全国联动和行业自律，进而可以扩大某地公示信用信息的制约效果。而针对食品追溯体系的建议与完善，工作坊提出作为行业组织，可以在督促行业自律的同时，帮助中小企业来理解、落实有关追溯制度的要求，并为他们的追溯工作提供支持和帮助。

4. 加强对企业的指引

从历次工作坊的实践来看，每期工作坊都有来自多家企业的代表参与，企业是监管的对象，是合规的主体，有效监管离不开企业的自主创新，而如何指引企业有效合规，正确理解和解读各项法律法规无疑是工作坊的一项重要内容。例如，针对《食品安全法实施条例》（修订中）与责任到人这一问题，指出在明确企业义务和法律责任的同时，将违法行为的责任精确到企业内部的具体个人，有助于通过责任的精准性和靶向性来防止企业作为整体问责时存在的责任泛化问题。又如，针对《食品安全法实施条例》行政处罚规定和适用，工作坊结合立法背景、初衷等来理解新增或细化的行政处罚要求，而这些既关系到生产经营者如何改进合规管理，又关乎基层执法如何把握处罚尺度。

除了历次工作坊报告以外，为及时整理国内外食品安全治理的理论成果与实践经验，打造食品安全治理研究的综合平台，协同创新中心还编写了一系列食品安全治理的相关书籍，主题多样、内容丰富，包括《食品安全治理蓝皮书》《食品安全典型案例评析》《食品安全治理文集》以及《欧盟食品法》《食品"私法"》等翻译书籍（详见图2-13）。以《食品安全治理蓝皮书》为例，该书详细揭示出当前我国食品安全治理在主体、机制、环节及法治保障等方面取得的成绩和存在的问题。而《食品"私法"》一书则涉及议题为欧洲食品私法领域内较为前沿的问题，对国内从事食品安全、食品标准等问题的研究者及政策制定者，以及食品从业人员具有较大的参考价值。

三、展望

治理协同创新中心自组建以来，与实务部门和学术界开展了多项合作，在人才培养与学科建设、参与重大立法与政策咨询、科学研究与社会服务、国际交流与合作等方面取得了积极成效，获得了社会高度评价与认可。而随着工作坊长效机制的建立，在治理、监管与合规领域，治理协同创新中心取得了许多代表性建设成效。在今后，治理协同中心还将继续以问题为导向，对食品安全问题进行深入的全方位、跨学科研究，探索一条协同创新之路，满足治理实践的需要。

图 2-13　中国人民大学食品安全治理协同创新中心编著的部分图书

撰稿：孟珊（中国人民大学食品安全治理协同创新中心研究人员）

2.10　问题：社会共治之律师参与

　　"十三五"规划建议指出"实施食品安全战略，形成严密高效、社会共治的食品安全治理体系，让人民群众吃得放心"。这反映了以习近平同志为核心的党中央高度重视食品安全，将食品安全战略与建设"健康中国"融为一体，并上升为国家战略。2015 年新修订的《食品安全法》还将"社会共治"作为食品安全治理的主要原则纳入食品安全的规范体系中。在近年的食品安全治理实践中，我国应对食品安全风险的治理模式逐步从被动治理转向主动治理、从结果治理转向源头治理与过程治理、从应对治理转向预防治理、从单方治理转向社会共治……在食品安全这一系统性、全局性的问题中，我国正尝试通过治理模式的转变，探索出中国特色的食品安全风险治理之道。

治理主体的多样性是"社会共治"治理模式的基本特征之一。在社会共治的模式下，食品安全风险治理不仅需要消费者发挥监督、举报作用，专家学者发挥政策咨询、建议作用，第三方组织发挥认证、检测、评估作用，媒体发挥舆论引导、曝光作用，还需要律师发挥风险预防、矛盾化解、权益保障、建言献策等作用。

首先，律师能在食品安全风险治理中发挥预防风险的作用，有效促进企业建立多元的食品安全合规文化。任何看似不起眼的食品安全风险都有可能引发食品生产链中的连环波动，引发重大食品安全事故。因此，对食品安全风险的合规管理不能仅着眼于案件诉讼和纠纷调解等事后环节，还应当将合规管理的触角延伸至事前的标签管理、标准咨询、合同审核、广告审核、食品安全风险评估等食品的生产消费环节。法治建设既要抓末端、治已病，更要抓前端、治未病。食品安全不能依赖于检测手段，应当依靠"未雨绸缪"的预防。通过为生产商和经营者普及法律知识、开展风险预测评估，律师能协助生产经营者构建一个科学合理的合规管理体系，切实提升生产经营者的风险防范意识，将其违法风险降到最低，同时还能保证消费者买到、吃到安全的食品。

其次，律师能在食品安全风险治理中化解矛盾，有效保障企业的合法权益。近年在食品消费过程中，食品责任纠纷案件频频发生。鉴于食品安全案件自身的专业性、食品领域法律规范的复杂性，食品生产经营者在面对食品索赔纠纷时，往往采用息事宁人的解决方式。但是该解决方式最终反而导致更多索赔纠纷的发生，一大批职业索赔人士也由此催生。律师在此类纠纷中，往往会利用自身的专业性，收集并整理分析全国各地的裁判文书、梳理裁判观点、寻求突破口，一方面在生产经营者与消费者之间建立沟通的"桥梁"，帮助双方将矛盾化解；另一方面明显改善生产经营者在行政纠纷中的弱势地位，发挥律师自身专业优势，切实保障行政相对人在行政争议中的合法权益。

最后，律师能在食品安全风险治理中发挥建言献策的作用，在食品安全领域的立法和行政决策过程中贡献专业智识。实践中，律师往往被立法部门和行政机关聘为法律顾问，他们利用丰富的办案经验，直指现有食品安全法律法规在适用中的疑难之处、亟须完善之处，直接或间接影响法律法规的制定与修订。行政机关在做出行政决策前，也往往会通过征询意见、邀请律师列席会议等形式让律师参与制定食品安全治理相关行政决策。律师在这一过程中，利用自身的专业与经验，建言献策，促进行政决策的出台、推进行政决策的实施。

律师以法为业，在参与国家治理的过程中具有天然的优势。食品安全风险治理作为国家治理的一隅，自然需要律师的深度参与。在食品安全风险治理中，律师不仅能帮助生产经营者预防风险，亦能让生产经营者、消费者感受到公平正义，还能向党和政府建言献策、为食品安全治理保驾护航。

作者：王青斌（中国政法大学法治政府研究院教授、博士生导师，中国政法大学食品药品法治研究中心主任，中国政法大学药品监管法治研究中心主任）

▶ 2.10.1 案例 上海双创律师事务所 ULawyer 团队：尽职免责与合规要点

合规管理中的规范小则包括合规手册、企业规章制度，大则上升到地方、国家法律法规，后者可以说是合规指引的主要来源。自《食品安全法》实施以来，食品安全案件的发生日趋频繁，食品生产经营者不断面临食品安全风险，引发赔款、罚款、压款等各类民事行政事件。对于食品安全工作，习近平总书记也提出了"四个最严"的要求，这亦使得食品安全法律制定日益趋严。

作为国内为数不多的深耕食品产业的律师团队——上海双创律师事务所 ULawyer 团队立足上海，面向全国，聚集了一批具有食品行业从业经验及食品安全监管经验的资深律师，为近百家食品企业持续提供一站式服务，包括合规审查、标准咨询、标签审核、公司治理、股权架构、危机处理、监管应对、诉讼代理等。团队代理的食品安全案件遍布全国，数量逾300件，为企业挽回数千万元损失。

一、多元服务助力食品企业合规

事前的标签管理、标准咨询、食品安全风险评估、法律法规培训，事中的合同审核、广告审核、电商平台页面审核、舆情处理，以及事后的案件诉讼、行政申辩、纠纷调解等全过程的食品企业合规管理形成了一个庞大的专业化系统工程。唯有全过程、全方位的法律服务才能助力食品企业合规，从而确保食品安全。近年来，ULawyer团队虽然成功处理了多起各类食品安全民事或行政案件，但ULawyer团队始终认为：预防、预判胜过维权！食品企业应尽早建立多元的食品安全合规文化。

同时，从目前的食品供应链来看，食品从生产到消费，环节繁多，过程复杂。通常是供给端需要经过一系列的加工、运输和存储环节，连接端又需要再次经过物流运输和存储环节，最后才到达消费者的需求端。任何一个环节出现漏洞，就有可能使食品处于不安全的状态。供应商、生产商、运营商、零售商、物流等各方都涉及其中，一有不慎多方受损。因此，立足实际、精准问责，把握力度、准度、温度，依法实施"尽职免责"制度，将有效破解食品生产经营者的"禁锢"，使改革创新、实干的食品企业家们既能够"撸起袖子加油干"，又能够明确底线不乱作为，明明白白、大大方方地探索实践、担当负责，有助于营造食品企业家健康成长的环境，弘扬企业家精神，更好地发挥企业家作用。

二、合规管理与尽职免责：以营养标签为例

（一）法律规定及其合规指引

对于食品企业，合规的"规"大部分是法律法规，法律规定中的义务条款其实就是一个合规指引，且具有强制性。例如，《食品安

全法》在第五十三条第一款规定了食品经营者的进货查验义务：食品经营者采购食品，应当查验供货者的许可证和食品出厂检验合格证或者其他合格证明。相应的，第一百二十六条第一款第三项则规定了配套罚则：违反本法规定，有下列情形之一的，由县级以上人民政府食品安全监督管理部门责令改正，给予警告；拒不改正的，处五千元以上五万元以下罚款；情节严重的，责令停产停业，直至吊销许可证：食品、食品添加剂生产经营者进货时未查验许可证和相关证明文件，或者未按规定建立并遵守进货查验记录、出厂检验记录和销售记录制度。

应该说，上述两个法条构成了一个完整的法律规范。对此，《食品安全法》在第一百三十六条作出了进一步的完善规范：食品经营者履行了本法规定的进货查验等义务，有充分证据证明其不知道所采购的食品不符合食品安全标准，并能如实说明其进货来源的，可以免予处罚，但应当依法没收其不符合食品安全标准的食品；造成人身、财产或者其他损害的，依法承担赔偿责任。这是一个显见的合规激励，以鼓励食品经营者履行进货查验义务，如实说明进货来源。同时，该条又与第一百四十八条衔接，假如食品经营者能够证明其不知道所采购的食品不符合食品安全标准，并能如实说明其进货来源，那就不属于"经营明知是不符合食品安全标准的食品"的行为，从而不适用惩罚性赔偿。

可以看到，《食品安全法》第一百三十六条是食品经营者进货查验制度的核心，起着承上启下的作用。然而，进货查验义务应该履行到什么程度，是形式审查还是实质审查，《食品安全法》及其实施条例对此没有规定，相关认定标准在司法实践当中得以形成，典型案例就是××超市所售坚果脂肪含量实测数值与标注数值不符的系列案件。

（二）××超市所售坚果脂肪含量实测数值与标注数值不符的系列案件

2017年，四川、北京多家××超市被诉至法院，作为原告的消费者声称，其在××超市所购坚果的脂肪含量实际检测出来的数值与标签上标注的数值不符，两者的误差超出了《食品安全国家标准　预包装食品营养标签通则》（GB 28050）规定的120%误差范围，××超市构成"经营明知是不符合食品安全标准的食品"行为，应该承担货款十倍的惩罚性赔偿。××超市委托上海双创律师事务所 ULawyer 团队应诉。

1. ULawyer 团队的辩护与主要观点

一是针对食品标识，《食品安全法》第七十一条第一款规定"生产经营者对其提供的标签、说明书的内容负责"。全国人大常委会法制工作委员会对该条的释义中明确了对"提供的标签、说明书的内容负责"的主体是标注该标签、说明书的主体。也就是说，对于标签、说明书内容的"真实性"，应遵循"谁'标注'谁负责"原则。例如，《成都市食品药品监督管理局关于规范食品标签标识类投诉举报案件案例的指导意见》指出，无论是食品生产者还是食品经营者，只要标签、说明书是其标注的，就应对该标签、说明书内容的真实性负责。经营的食品标签标识不符合法定要求，食品经营者应承担相应法律责任，但食品经营者与食品生产者的法律义务并不等同。食品经营者对食品生产者提供标签标识的食品仅具有形式审查义务，形式审查义务是指《食品安全法》第五十三条规定的"进货查验"义务。

二是就涉案问题而言，食品标签上营养成分表中的脂肪数值是否准确，需要经过专业的检测才能得出结论，此时的检测报告行业惯称为"营养五项报告"。××超市作为食品经营者通过外观形式审查无法发现涉案食品的脂肪含量超标。同时，对于产品标注的具体成分及含量，××超市不具备检测条件，在生产商已经提供国家相关机构检测合格的证照后，××超市也不具有重新进行检测的义务。

三是针对涉案经营者的进货查验义务而言，《食品安全法》规定，食品经营者采购食品，应当查验供货者的许可证和食品出厂检验合格证或者其他合格证明（以下简称"合格证明文件"）。据此，食品营养成分含量检测报告或者食品营养成分含量标示的计算依据是否属于法定的食品出厂检验合格证明文件，取决于该食品采用的产品执行标准以及该执行标准中对食品营养成分含量是否存在要求。本案中，涉案产品相应的执行标准（坚果炒货食品通则、扁桃仁执行国标及行业标准）对出厂检验和合格判定的相关规定，明确了出厂检验的相关内容项，均是以感官要求、理化指标及卫生指标为判定依据。此处的检测报告行业惯称为"生化报告"。因此，在食品生产者已经提供食品合格证明文件（即生化报告）后，目前的法律法规并未设置食品经营者进行营养五项检测或者审核营养五项报告的义务，××超市查验了食品生产厂家的许可证和食品出厂的合格证明文件，属于已经履行了法定进货查验义务，对于标注的脂肪含量与实际含量不一致并不知情，所以不能认定××超市属于"经营明知是不符合食品安全标准的食品"的行为，无须承担十倍惩罚性赔偿。

2. 案例的进程与争议焦点

该系列案件分布在四川、北京多个初级人民法院和中级人民法院，裁判结果截然不同。其中，支持消费者的裁判认为，××超市作为专业的市场经营者应当知悉食品安全标准且有义务对其销售的食品是否符合食品安全标准进行全面审查，其未对外包装袋上标示内容进行符合性审核，致使违反食品安全标准的食品售出，应视为明知食品不符合法律规定而销售的情形。支持××超市的裁判则大多直接援引 ULawyer 团队的代理词进行说理。诉辩双方均不服，分别申请再审，由四川省高级人民法院和北京市高级人民法院最终提审。

经过 ULawyer 团队的努力，最终两地高级人民法院均采纳了 ULawyer 团队的意见，对于二审××超市胜诉而消费者申请再审的，四川省、北京市高级人民法院均驳回了消费者的再审申请；对于二审消费者胜诉而××超市申请再审的，四川省、北京市高级人民法院均改判支持了××超市，从而使该类案件的裁判尺度得以统一：即食品经营者的进货查验义务是形式审查，标签标注的营养成分数值与实际不符的，不属于"经营明知是不符合食品安全标准的食品"的行为，亦不构成欺诈，无须三倍或十倍赔偿，对标签进行整改即可。××超市系列案件历时两年，上海双创律师事务所 ULawyer 团队辗转

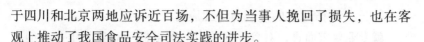

于四川和北京两地应诉近百场，不但为当事人挽回了损失，也在客观上推动了我国食品安全司法实践的进步。

3. 法院的判决与理由分析

对于争议焦点，北京市第二中级人民法院在（2018）京02民终549号一案中认为，一是仅以预包装食品在保质期内营养成分含量超出允许误差范围为据，并不能够证明销售者必然存在销售明知是不符合食品安全标准的食品的行为；二是相关法律法规及国标的规定并不意味着食品营养成分含量检测报告或者食品营养成分含量标示的计算依据属于《食品安全法》第五十三条规定的、食品经营者在采购食品时必须查验的、食品出厂检验"合同证明文件"中的必备文件；三是食品营养成分含量检测报告或者食品营养成分含量标示的计算依据是否属于法定的食品出厂检验"合同证明文件"，取决于该食品采用的产品执行标准以及该执行标准中对食品营养成分含量是否存在要求；四是本案中涉案食品标签中均标示产品执行标准为《坚果炒货食品通则》，该标准中出厂检验项目以及判定是否合格的标准均不包括营养成分含量，因此，涉案产品营养成分含量检测报告或者食品营养成分含量标示的计算依据并不属于《食品安全法》第五十三条规定的、超市在采购食品时必须查验的食品出厂检验合同证明文件中的必备文件。

就再审而言，法院也并未支持十倍赔偿的诉求。对于判决理由，在（2019）川民再669号一案中，四川省高级人民法院认为，食品经营者的进货查验义务应当以形式审查为主，而非实质审查，××超市已充分履行进货查验义务。标签瑕疵不足以对消费者造成误导以及影响食品安全，××超市不构成欺诈。在（2019）京民再197号一案中，北京市高级人民法院认为，涉案食品在标识上存在瑕疵，但脂肪含量是否符合国家标准，需要经过专业机构的鉴定才能得出准确的结论，××超市作为食品经营者通过外观形式审查无法发现涉案食品的脂肪含量超标。××超市已经提交了涉案食品生产厂家的许可证和食品出厂的合格证明文件，已经履行了进货查验义务，不能认定××超市属于"明知"。

（三）法律适用的挑战与专业应对

就专业要求而言，对食品经营者的要求低于对食品生产者的要求，这是合乎逻辑和常理的，因为生产过程的食品安全管控环节显然多于经营过程，后者几乎只有一个贮存环节。如果对两者作同样的要求，不仅浪费社会资源，还会降低流通效率，最终无人获益。《食品安全法》第一百三十六条的"进货查验"抗辩与《中华人民共和国商标法》第六十四条第二款的"合法来源"抗辩类似，都是对经营者意义重大的合规要点，与"合规不起诉"一样，都有合规激励机制。在具体的案件当中援引《食品安全法》第一百三十六条，不仅需要专业的法律知识，同时也要熟悉食品行业。

值得一提的是，检索同期食品安全民事和行政案件，会发现一个民事责任与行政责任难以聚合的奇怪现象。现象一是当民事判决依据《食品安全法》第一百四十八条第二款支持十倍赔偿时，行政执法却依据《食品安全法》第一百三十六条对食品经营者免予处罚。现象二则是截然相反，当行政执法对食品经营者予以处罚时，相关民事判决则未支持十倍赔偿。据了解，导致这些现象的原因是行政执法者具有适用《食品安全法》第一百三十六条的行政裁量，即可以或不可以免予处罚的独立判断权力。然而，实践中的裁量并未综合考量相关法律条款之间的衔接性。一如前文所述的观点，《食品安全法》第一百三十六条与第一百四十八条第二款是可以衔接的。上述系列案件无疑印证了这一观点。也就是说，若食品经营者能够证明其不知道所采购的食品不符合食品安全标准，并能如实说明其进货来源，那就不属于主观明知的情形，从而不应适用十倍惩罚性赔偿。也唯有如此，才能保证食品安全监管的科学性和一致性。期待将来与《食品安全法》相关的法律或司法解释，能将第一百三十六条"进货查验"抗辩的形式审查规则予以明确，同时明确适用主体，以回应司法实践和社会关切。

三、成为持续性事业的合规管理

结合实务观察，合规管理对企业的经营发展具有重要意义。第一，合规管理是企业稳健发展的内在需求。在企业的实际经营中，依照相关的法律法规进行管理是法治社会对每一个企业的基本要求，更是企业进一步保障自身利益的有效依托。第二，合规管理是规范员工的有效途径。构建一个科学合理的合规管理体系，可以帮助员工形成合规习惯进而将违规风险降到最低，避免出现违规操作。第三，合规管理是降低决策失误的重要手段。一般来说在企业的发展过程中，即便是很小的决策失误都容易造成多米诺骨牌效应，进而导致企业的整体发展受到影响，而合规管理则可以通过对管理层的合理约束，最大限度降低管理层的决策失误，进而避免企业出现严重的决策风险。ULawyer 团队将持续根植于法律，服务于商业，始终坚持"诚信、担当、专业、协作"的价值观。

撰稿：刘皓（律师，最高人民检察院民事行政案件咨询专家）

▶ 2.10.2　案例　北京观韬中茂（杭州）律师事务所：食品索赔案的成功应对和思考

观韬中茂律师事务所成立于 1994 年 2 月，是总部设于北京的专业化、综合性律师事务所。经过二十余年不断地开拓、创新和发展，观韬中茂现拥有 1000 余名律师、300 余位合伙人，在专业能力、团队建设和服务创新等方面已成为中国领先的律师事务所之一。诚信勤勉，高效优质，追求至臻是观韬中茂始终秉持的服务理念。观韬中茂（杭州）律师事务所成立于 2014 年 1 月，在跨境投资与贸易、公司证券、市场监管、知识产权、争议解决、家族财富管理、基础设施与地产等领域拥有丰富的执业经验，能为客户提供全方位优质高效的服务。

食品安全案件专业性强，涉及法律、法规、规章、标准等方方面面，审判实践也在不断发生变化。不同省份、不同地区的法院，甚至相同法院在不同时期作出的裁判观点也有不同。食品十倍索赔案件在现实中屡见不鲜，也催生了一大批职业索赔人士，有些食品生产经营者通过私了以息事宁人，但后续往往会引来更多的索赔纠纷。在孙某诉南京某购物中心产品责任纠纷案中，食品企业果敢选择应诉，最终实现不赔偿的目的。此案中企业方未对一审判决退货退款依法提起上诉，因为此案与南京中级人民法院"桂圆人参冰茶"案完全不同，如果提起上诉南京市中级人民法院也可能参考连云港市中级人民法院判例，以卫生健康委员会公告不属于食品安全标准，案涉月饼符合食品安全国家标准等为由，支持不退不赔。

一、案情概要

2021年11月，南京某区人民法院受理了原告孙先生诉被告南京某购物中心产品责任纠纷一案。原告孙先生在被告处购买了108盒月饼礼盒，标签显示台式桃山皮黑糖乌龙奶茶月饼的配料中含有人参乌龙茶粉〔乌龙茶，人参（5年以下人工种植）〕。原卫生部《关于批准人参（人工种植）为新资源食品的公告》载明，人参（人工种植）为新资源食品，食用量小于等于3克/天，孕妇、哺乳期妇女及14周岁以下儿童不宜食用，标签、说明书中应当标注不适宜人群和食用限量。原告孙先生认为涉案产品没有按照国家强制性规定标注不适宜人群和食用限量，对于不宜摄入人参的特定人群，误食或者过量食用的，会对身体健康造成危害，依据《食品安全法》第一百四十八条的规定，要求被告退还购物款31104元，并按十倍赔偿311040元。

月饼礼盒的生产商是一家大型食品企业，销售商是一家大型商业企业，如果法院最终认定涉案月饼礼盒不符合食品安全标准并支持退一赔十，生产商和销售商都可能面临监管部门的行政处罚，不但经济上受到损失，还将严重影响企业信用。而且，除孙先生之外，还有他人也购买了大量的月饼礼盒，也可能效仿提起索赔诉讼。

二、诉讼应对与争议分析

（一）一审应对策略

接手这个案件后，观韬中茂律师了解到原告孙先生在业内很有知名度，孙先生诉南京某超市有限公司江宁店买卖合同纠纷案早在2014年就被列为最高人民法院第六批指导案例，该案作为指导案例旨在明确消费者明知食品有质量问题而购买的，有权主张十倍惩罚性赔偿。此外，类案检索显示，2020年4月南京市中级人民法院（2020）苏01民终753号案件终审判决认定"桂圆人参冰茶"成分配料包含人参。根据卫生部门规定，人参（人工种植）为新资源食品，食用量≤3克/天，孕妇、哺乳期妇女及14周岁以下儿童不宜食用，标签、说明书中应当标注不适宜人群和食用限量。因此，涉案食品标注不适宜人群和食用限量是为了保证食用安全，未标注不属于《食品安全法》规定的食品标签、说明书存在不影响食品安全且不会对消费者造成误导的瑕疵。南京市中级人民法院终审维持了南京市鼓楼区法院的一审判决，"桂圆人参冰茶"生产厂家被判退还货款3380元并赔偿33800元。

在这之前南京市中级人民法院已有类案支持十倍赔偿的情形下，要打赢此次的月饼礼盒索赔案，必须寻找新的突破点。经过认真学习《食品安全法》和相关食品安全标准，并对近年来各地法院的类案进行检索研判，律师代理被告购物中心，针对孙先生的诉讼请求，提出5点抗辩理由并附上相关权威案例供法院参考，证明涉案月饼礼盒符合食品安全标准，孙先生不属普通消费者，且未能举证因食用涉案月饼受到损害，不能适用食品安全法的惩罚性赔偿。

1. 原卫生部公告本身不属于食品安全国家标准

原卫生部于2012年8月29日发布的《关于批准人参（人工种植）为新资源食品的公告（2012年第17号）》，既没有会同国务院食品安全监督管理部门制定、公布，也没有国务院标准化行政部门提供的国家标准编号，明显不属于食品安全国家标准。而原卫生部

2007年12月1日公布的《新资源食品管理办法》已于2013年10月1日废止，原卫生部2012年第17号公告已无上位法依据。对于这一问题，江苏省连云港市中级人民法院（2021）苏07民终2307号民事判决书认定：《食品安全法》第二十七条第一款规定，食品安全国家标准由国务院卫生行政部门会同国务院食品安全监督管理部门制定、公布，国务院标准化行政部门提供国家标准编号。上诉人主张涉案商品配料表中标明使用了人参，并未标注食用限量，不符合原卫生部2012年第17号公告。该公告并非《食品安全法》规定的食品安全国家标准，上诉人主张涉案商品未标注人参食用限量不符合食品安全标准，缺乏依据。

2. 涉案月饼标签没有违反卫生部公告

其一，涉案月饼并非需要特殊审批的食品。《预包装食品标签通则（GB 7718—2011）》在"5. 其他"中规定"按国家相关规定需要特殊审批的食品，其标签标识按照相关规定执行"。而涉案月饼本身不是需要特殊审批的食品，故不适用《预包装食品标签通则（GB 7718—2011）》中"5. 其他"的规定。

其二，原卫生部公告仅规范人参（人工种植）的生产经营，以含有人参成分的食品作为原料生产经营食品不受公告约束。涉案月饼使用了福建省某食品公司供应的馅料作为配料，福建省某食品公司生产馅料时使用了粉碎后的人参乌龙茶粉，而人参乌龙茶则由更上一级供应商漳州某茶业公司提供，人参乌龙茶在生产过程中使用了人参（人工种植）作为配料。原卫生部2012年第17号公告中明确"人参（人工种植）的生产经营应当符合有关法律、法规、标准规定"，故人参乌龙茶的生产商采购人参应符合原卫生部2012年第17号公告的要求。涉案月饼是以食品"乌龙奶茶馅"为配料，生产"乌龙奶茶馅"是将食品"人参乌龙茶"粉碎后作为配料。人参（人工种植）是新资源食品，但"乌龙奶茶馅""人参乌龙茶"均属于普通食品却不是新资源食品，"台式桃山皮黑糖乌龙奶茶月饼"的配料是普通食品"乌龙奶茶馅"，而不是新资源食品人参。《食品安全法》第三十七条规定，利用新的食品原料生产食品，或者生产食品添加剂新品种、食品相关产品新品种，应当向国务院卫生行政部门提交相关产品的安全性评估材料。而生产涉案月饼和"乌龙奶茶馅""人参乌龙茶"均无须安全性评估。

其三，"不宜食用"并非禁止食用，"不适宜人群"并非"禁止食用人群"。原卫生部 2012 年第 17 号公告附件所列标签仅限于人参（人工种植）的标签，且"不宜食用"并非禁止食用，"不适宜人群"并非"禁止食用人群"，人参成分并非食品中禁止添加的物质。"不宜食用""不适宜人群"的要求不具有强制性。以湖南省高级人民法院（2019）湘民再 13 号民事判决书为例，涉案玛卡酒标签在不适宜人群中遗漏标注"哺乳期妇女"属实，但根据原卫生部《关于批准玛咖粉作为新资源食品的公告》，"哺乳期妇女"为不宜食用人群而非禁止食用人群……该案不适用十倍惩罚性民事赔偿。汪某以涉案玛卡酒不符合食品安全标准为由提出要求退回货款 228 元及赔偿91200 元的诉讼请求，湖南省高级人民法院不予支持。上述案件中，涉案玛卡酒使用了玛卡和人参（人工种植）为配料，而本案月饼没有直接使用人参（人工种植）为配料。

3. 涉案月饼完全符合《预包装食品标签通则》

涉案月饼标示的配料为"乌龙奶茶馅｛莲子，白芸豆，椰纤果，麦芽糖醇液，再制干酪，白砂糖，海藻糖，炼乳，精制植物油，饮用水，乳粉，羟丙基二淀粉磷酸酯，植脂末，人参乌龙茶粉［乌龙茶，人参（5 年以下人工种植）]……｝"由以上标签可以看出，涉案月饼标注的配料为"乌龙奶茶馅"，而"乌龙奶茶馅"的配料包括"人参乌龙茶粉"，而"人参乌龙茶粉"的配料包括"人参（5 年以下人工种植）"。涉案月饼没有将"人参（5 年以下人工种植）"标注为月饼配料。《预包装食品标签通则（GB 7718—2011）》4.1.4.3 规定，食品名称中提及的某种配料或成分而未在标签上特别强调，不需要标示该种配料或成分的添加量或在成品中的含量。涉案月饼不但名称中未提及人参，标签上也没有特别强调人参，依据《预包装食品标签通则（GB 7718—2011）》的规定，不标注"人参（5 年以下人工种植）"的含量完全合规。

4. 涉案月饼正常食用不会影响食品安全

原卫生部 2012 年第 17 号公告规定人参（人工种植）食用量≤3克/天，涉案月饼所用馅料中人参乌龙茶粉含量为 0.07%，而人参乌龙茶粉中人参含量为 2%，也就是一个月饼礼盒仅含有人参成分约 0.5 毫克，只有一天食用约 6000 盒才可能超过 3 克/天的食用量，故涉案月饼在普通人正常食用的前提下，根本不存在影响食品安全的可能性。即便孙先生一天之内将所购 108 盒月饼吃完，也不会超过人参 3 克/天的食用量。涉案月饼经生产厂家多次送检，检验结果均符合各项食品安全标准，而且区市场监督管理局进行食品安全监督抽检后，检验项目的检验结论均为合格。

5. 消费者身份争议

孙先生不属普通消费者，且未能举证因食用涉案月饼受到损害，不适用食品安全法的惩罚性赔偿。孙先生在 2021 年 8 月 15 日支付 15264 元购买 53 盒月饼后，又于 8 月 18 日支付 15840 元购买 55 盒月饼，明显超出了普通消费者为生活需要所进行的消费，标签更不会对其产生误导。如果认为涉案月饼不适宜食用，就不应当在第一次购买后再次大量购买，其大量采购索赔，并非出于维护食品安全的目的，而是通过诉讼索赔牟取个人私利。

依据《食品安全法》第一百五十条规定，食品安全，指食品无毒、无害，符合应当有的营养要求，对人体健康不造成任何急性、亚急性或者慢性危害。孙先生既非孕妇、哺乳期妇女，也非 14 周岁以下儿童，且其未举证因食用涉案月饼对其造成任何急性、亚急性或者慢性危害。《食品安全法》第一百四十八条第一款规定，消费者因不符合食品安全标准的食品受到损害的，可以向经营者要求赔偿损失，也可以向生产者要求赔偿损失。《中华人民共和国消费者权益保护法》第二条规定，消费者为生活消费需要购买、使用商品或者接受服务，其权益受本法保护。本案中，涉案月饼经送检、抽检均符合规定，而孙先生两次大量购买涉案月饼，其购买数量、方式超出了为生活需要购买商品的普通消费的合理数量和方式，故其行为具有牟利性，有别于普通消费者，故不能适用消费者权益保护法及食品安全法中相关惩罚性赔偿条款的规定。

江苏省高级人民法院（2020）苏民申 5573 号民事裁定书和（2020）苏民申 5687 号民事裁定书明确，以牟利为目的主张惩罚性赔偿，违背诚信原则不应支持，驳回再审申请。江苏省高级人民法院（2020）苏民申 4710 号民事裁定书明确，有别于普通消费者的牟利性行为，不适用《中华人民共和国消费者权益保护法》及《食品安全法》的惩罚性赔偿。最高人民法院也有多起类似裁判观点案例。

2022 年 3 月 29 日，南京某区人民法院作出一审判决。法院认为，《食品安全法》第二十七条第一款规定，食品安全国家标准由国务院卫生行政部门会同国务院食品安全监督管理部门制定、公布，国务院标准化行政部门提供国家标准编号。原告主张涉案商品配料表中标明使用了人参，并未标注食用限量及使用人群，不符合原卫生部《关于批准人参（人工种植）为新资源食品的公告》。《食品安全法》第二十六条规定，食品安全标准应当包括对与卫生、营养等食品安全要求有关的标签、标志、说明书的要求。本案中，涉案产品的标签未标注人参成分食用限量及不宜食用人群，不符合食品安全标准中关于标签的要求，存在瑕疵。对于原告要求被告退还购物款 31104 元之诉请，本院予以部分支持，案涉礼盒尚存 100 盒，以每盒 288 元价格予以折抵，被告应当退还原告购物款 28800 元。根据《食品安全法》第一百五十条规定，食品安全是指食品无毒、无害，符合应当有的营养要求，对人体健康不造成任何急性、亚急性或者慢性危害。该法第一百四十八条亦规定了惩罚性赔偿的例外，即食品的标签、说明书存在不影响食品安全且不会对消费者造成误导的瑕疵的除外。原告虽提出涉案产品的标签未标注人参成分食用限量及不宜食用人群，不符合食品安全标准中关于标签的要求，但并未提交涉案商品存在有毒、有害等可能对人体健康造成危害的实质性食品安全问题以及可能会对消费者产生误导的证据。审理中，被告已提交供货商资质证件、生产商资质证件及出厂检验报告、月饼配料"乌龙奶茶馅"供应商资质证件、"乌龙奶茶馅"的配料

"人参乌龙茶"供应商资质证件以及检测报告，以证明涉案商品系合格商品。故原告要求被告支付价款十倍的赔偿金的诉讼请求缺乏事实和法律依据，不予支持。一审法院判决被告某购物中心退还原告购物款 28800 元，原告退还从被告处购买的涉案月饼礼盒 100 盒，如不能退回则按其购买价格折抵应退货款，驳回原告其他诉讼请求。

一审判决认定涉案产品标签未标注人参成分食用限量及不宜食用人群，属于标签瑕疵，没有支持十倍赔偿，但却判决按尚余实物数量同时退货退款。可见，一审法院未能参考连云港市中级人民法院的判决直接认定原卫生部公告不属于食品安全标准，也未对涉案月饼是否直接添加人参成分进行区分。原告可能不服一审判决提起上诉，律师建议被告也提起上诉，争取中院改判不退不赔。但企业认为，一审不支持十倍赔偿，已实现不赔偿的目的，放弃上诉。然而，原告孙先生向南京市中级人民法院提起了上诉，其理由有二。一是 2021 年 1 月 1 日《最高人民法院关于审理食品安全民事纠纷案件适用法律若干问题的解释（一）》明确规定，食品不符合食品安全标准，消费者主张生产者或者经营者依据食品安全法第一百四十八条第二款规定承担惩罚性赔偿责任，生产者或者经营者以未造成消费者人身损害为由抗辩的，人民法院不予支持。二是本案一审判决与南京市中级人民法院（2020）苏 01 民终 753 号案件相违背。

（二）二审应对策略

南京市中级人民法院（2020）苏 01 民终 753 号案件确实判决"桂圆人参冰茶"未标注不适宜人群和食用限量，不属于《食品安全法》规定的食品标签、说明书存在不影响食品安全且不会对消费者造成误导的瑕疵。显然，如果南京市中级人民法院作出与"桂圆人参冰茶"案不同的终审判决，重点就要阐明月饼礼盒案与"桂圆人参冰茶"案的不同点。律师在一审原抗辩理由基础上，重点阐述了两案完全不能等同的情形。

"桂圆人参冰茶"案的被告为食品生产企业，所涉产品为"桂圆人参冰茶"，包装袋介绍该产品配料含有人参。可见，"桂圆人参冰茶"用人参作为配料生产，但对所用人参是中药材人参还是新资源食品人参（人工种植）没有明确标注。而本案月饼礼盒生产时并没有用人参作为配料生产，月饼配料是上一级供应商福建某食品公司供应的馅料，而福建某食品公司生产馅料时使用了粉碎后的人参乌龙茶粉，而人参乌龙茶则由更上一级供应商漳州某茶业公司提供，人参乌龙茶在生产过程中使用了人参（人工种植）作为配料。原卫生部 2012 年第 17 号公告中明确"人参（人工种植）的生产经营应当符合有关法律、法规、标准规定"，故人参乌龙茶的生产商采购的人参应符合原卫生部 2012 年第 17 号公告的要求。依据国家市场监督管理总局关于修订公布食品生产许可分类目录的公告（国家市场监督管理总局 2020 年第 8 号公告），调味茶属于"茶叶及相关制品"类别，类别编号为 1403，人参乌龙茶属于调味茶，故人参乌龙茶已属于国家市场监督管理总局 2020 年第 8 号公告中明确的食品。而漳州某茶业公司已取得了"茶叶及相关制品"的食品生产许可证，并向漳州市卫生健康委员会报备了人参乌龙茶的企业标准，适用于以乌龙茶为主要原料，添加适量人参（经研磨成粉），经混合、包装等工艺制成的调味茶。福建某食品公司生产"乌龙奶茶馅"为"月饼馅料"属于"糕点"类别，类别编号为 2403，企业也已取得食品生产许可证。故涉案月饼是将食品"乌龙奶茶馅"作为配料，而福建某食品公司生产"乌龙奶茶馅"是将食品"人参乌龙茶"粉碎后作为配料。人参（人工种植）是新资源食品，但"乌龙奶茶馅""人参乌龙茶"均属于食品而不是新资源食品，涉案月饼的配料是"乌龙奶茶馅"，而不是人参。《食品安全法》第三十七条规定，利用新的食品原料生产食品，或者生产食品添加剂新品种、食品相关产品新品种，应当向国务院卫生行政部门提交相关产品的安全性评估材料。而生产涉案月饼、"乌龙奶茶馅""人参乌龙茶"均无须安全性评估。

2022 年 6 月 15 日，南京市中级人民法院对上诉人孙先生与被上诉人南京某购物中心产品责任纠纷一案作出终审判决，驳回孙先生上诉，维持原判，并由孙先生承担二审案件受理费 5964 元。南京市中级人民法院认为，案涉月饼的馅料系添加人参乌龙茶作为配料，而非直接添加人参。上游原材料如月饼馅料、人参乌龙茶均由有资质的生产者生产制作，且经检验系合格产品。现在证据不能证明上述原材料存在食品安全问题，也不能证明案涉月饼本身不符合食品安全标准。被告某购物中心提供了供货者的许可证、食品出厂检验合格证及其他合格证明文件，已经尽到了进货查验义务。据此，一审对孙先生要求支付价款十倍赔偿金的诉讼请求不予支持，并无不当。

三、律师寄语

观韬中茂对孙某诉南京某购物中心产品责任纠纷案的成功代理，充分体现了食品安全案件的专业性。对于律师来说，除了深入学习《食品安全法》和相关食品安全标准之外，还要善于收集研究各地法院的判例，特别是最高人民法院、省高级人民法院、当地中级人民法院的权威判例，用于指引诉讼应对策略和影响法官的裁判观点。此间，对现实中存在争议的裁判观点，要充分研判，为我所用。如在本案中，律师就对原卫生部公告是否属于食品安全国家标准进行深入剖析，撰写发表《也谈新食品原料（新资源食品）公告的法律地位》一文，以厘清原卫生部公告与食品安全标准的区别，认为公告仅仅属于原卫生部的行政规范性文件，并对违反公告的行政责任和民事责任进行分析，得出原卫生部公告不是食品安全标准的结论，将含有新食品原料成分的食品，以标签不符合公告为由认定为不符合食品安全标准，不但过罚不当，而且也缺少法律、法规、规章依据。毕竟，如果立法上存在漏洞，应当做的事是及时修订完善，而不应由行政相对人为此买单。

撰稿：罗良杰［北京观韬中茂（杭州）律师事务所］

3

监管与合规的他山之石

3.1　域外食品安全监管与合规启示

▶ 3.1.1　案例　日本：合规的监管寓意与食品行业的适用

合规概念随着时代的变化不断演变进化，现今通常被理解为高度、透明、公正并负责任的企业文化。其执行主体毫无疑问是企业，而食品安全第一责任人也是企业，因此将从下而上的合规创新和从上而下的监管制裁有机结合，是保障食品安全最有效的方法之一。

一、"合规"的历史沿革与法律意义

第二次世界大战后的日本，经历了 20 世纪 50 年代的经济重建，20 世纪 60—70 年代的高速成长。然而，经济发展换取的环境代价，特别是大企业引起的"四大公害病"事件，引燃了舆论的广泛批评。其中，有机汞引起的水俣病、镉引起的痛痛病、多氯联苯引起的卡内米油病，均是以食物为媒介。为了平复民众的反大企业情绪，相关行业协会推出了"企业社会责任"概念，包含法律责任、道德责任、经济责任和社会贡献责任。由于该背景，初期日本各大企业的社会责任履行方式，基本偏重于环境问题。同时，针对大公司违法行为的抗议活动（反污染运动、消费者运动、劳工运动），推动了法制建设和日本企业的守法意识。但值得注意的是，此时的"企业社会责任"属于日本社会的传统概念，是从欧美引进企业社会责任（Corporate Social Responsibility，CSR）概念之前就存在的社会意识。诸如江户时代的近江商人就有"卖家获利，买家获利，社会获利"的"三方获利，即公共利益驱动私人利益"的思想。明治时代的涉

泽荣一等人也主张，在法律框架内超越个人利益实现国家利益。

然而，20世纪80年代日本迈入泡沫经济时代，1987年的东芝机械违反《外汇及对外贸易管制法》事件，"合规（Compliance）"概念应运而生，在海外开展业务的制造、贸易公司纷纷开始制定出口管制合规程序，提交给通商产业省（现今的经济产业省）。

进入20世纪90年代，泡沫经济终结，引发了一系列企业丑闻。例如，股价暴跌后野村证券、大和证券、日兴证券、山一证券、第一劝业银行等大型金融公司，纷纷向大股东提供非法利益，职业敲诈股东成为一种社会现象。由于股东大会日语叫"株式总会"，专门从事某种行业的人叫"屋"，因此此类出席股东大会，滥用股权故意干扰或推进议程，从公司索取非法利益的股东叫作"总会屋"。再如，政府投入了大量公款纾困陷入连锁破产状态的金融机构，包含北海道拓殖银行、山一证券、三洋证券、日本长期信用银行、日本债券信用银行。此外，贿赂、围标等事件也频发，种种迹象促生了"企业伦理"概念，即企业应采取符合社会期望的伦理行为，并为其建立内部保障制度。同时，由于丑闻兼具违法性质，合规概念备受瞩目，但当时两者的区别并不明显，而"企业社会责任"的含义，逐渐转变为企业的文艺赞助和慈善事业等社会贡献活动。

21世纪初，日本企业的内控系统缺陷引发了不少企业丑闻，直接威胁到民众生活，典型案例为雪印乳业的金黄色葡萄球菌集体食物中毒事件。鉴于此，2005年的《公司法》修订，明确了公司内控治理系统的建立义务（该法第348条第3款、该法实施规则第98条第1款），并通过2006年《金融商品交易法》的修订，健全了行政监管系统。同一时期，CSR的概念在欧美日益得到重视，基于国内外形势，2003年3月经济同友会发表了企业行动白皮书，日本各大公司也纷纷建立CSR部门，因此2003年被称为日本的"CSR元年"。CSR通常被定义为"企业作为社会成员，为促进可持续发展应发挥的作用和责任"，合规则是不可或缺的必要内容之一。日本传统的企业社会责任和欧美的CSR理念，终于开始融合并在日本社会逐渐扎根。

近年，各大公司为确保合规主动制订并实施合规计划，其包含法律规范、内部规范和道德规范（详见图3-1）。具体有防止个人信息泄露、性骚扰等的通用规范和各行业的个别规范，例如，餐饮行业需要卫生管理规范。然而，合规计划在日本刑法体系的法律效力有以下两点值得注意：第一，合规计划的存在并不直接阻碍犯罪构成，但如果被告人严格执行优质的合规计划，则可能起到免却刑事处罚要件的功能，具体有违法阻却功能、责任阻却功能，或者免予量刑、起诉的功能；第二，日本法并没有正面承认法人犯罪能力的条款，因此企业高管的刑事责任只能通过特殊失信罪（公司法第960—962条）、共谋，或基于监管疏忽理论追究个人责任。此外，还可以适用行政刑法中的双罚规定（在员工犯罪时惩罚企业主或公司的规定），例如，日本独有的"课徵金（行政机关为达到行政目的对违规经营等行为采取的经济制裁）"制度则是其典型。

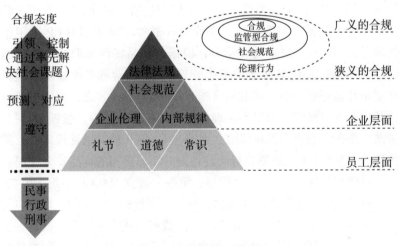

图3-1　合规概念示意图

　　总而言之，日本的合规概念从"囊括笼统"演变为"具体清晰"，企业的合规战略从"被动·他律"进化为"主动·自律"。而随着社会责任投资（Social Responsibility Investment，SRI）、环境社会治理（Environment Social Governance，ESG）等的投资指标，以及可持续发展目标（Sustainable Development Goals，SDGs）等社会指标的普及，合规概念也不断外延，现今可以诠释为"高度、透明、公正并负责任的企业文化"。

二、餐饮行业自下而上的安全管理

日本的餐饮行业监管方式可以根据其程序分为以下 3 种：第一，事前监管，即营业许可与备案制度；第二，事中监管，即基于 HAC-CP 理念的安全管理以及嵌入 HACCP 理念的安全管理；第三，事后监管，即行政处分与刑事处罚。其中，凸显企业自主管理的则是事中监管。

《食品卫生法》第 51 条规定事中监管的基本框架，即一般卫生管理和符合 HACCP 的卫生管理体系。厚生劳动省大臣应在厚生劳动省令中就经营设施的卫生管理和其他公共卫生必要的措施制定以下标准（第 1 款）：①有关设施内外一般卫生管理的事项。②a. 为防止食品卫生危害特别重要的工序管理（通称"基于 HACCP 的卫生管理"）；b. 政令规定的经营者，根据其产品特性采取的相关措施（通称"嵌入 HACCP 理念的卫生管理"）。经营者必须按照管理标准制定并遵守必要的公共卫生措施（第 2 款）。换言之，原则上所有食品经营者应遵守一般卫生管理标准，即传统的整理、整顿、打扫、清洗、杀菌、教育和保持清洁。而符合 HACCP 的卫生管理体系，需要按照 HACCP 七大原则自行制订计划并实施适当的食品安全管理。

具体需要执行如下 12 个程序：第一，成立 HACCP 小组；第二，记载商品说明书（包含产品名称、种类、原材料、添加剂、容器包装材质及形状、成分规格、贮存方法、消费期限或赏味期限、饮食方法等）；第三，根据产品特性确定消费人群；第四，制定产品原材料等的进货、储存、称重、混合、清洗、杀菌、加热、冷却、包装、金属检测、出货流程图；第五，现场确认流程图是否符合实际制作流程；第六，危害分析（原则 1）；第七，确定关键控制点（原则 2）；第八，制定管理标准（原则 3）；第九，确定监测方法（原则 4）；第十，制定改善措施（原则 5）；第十一，确定验证方法（原则 6）；第十二，保存记录（原则 7）。

但是，食品卫生法实施令第 34 条第 2 款规定的（小规模）餐饮业，则只需要实施简化的 HACCP 管理（相当于上述②b）。具体由公益社团法人食品卫生协会制定小规模餐饮业的指南——《嵌入 HACCP 理念的卫生管理指南书》，经过厚生劳动省确认，并公布在该省官网，供经营者参考。而小规模餐饮业经营者可以直接采用或参考该指南制订符合自身的卫生管理计划，执行、记录并保管其资料。

厚生劳动省在"符合 HACCP 的卫生管理制度化问答"中明确表明，其监管立场侧重于行政支援和建议咨询。例如，小规模餐饮经营者不需要根据 HACCP 的法制化进行设施改造，其卫生管理计划制订与否，也不影响营业许可的颁发，HACCP 的实施延误，并不会立即受处罚。可以说本次修改充分斟酌了食品行业的主体特性，其重点放在安全管理程序的运营（软件），并不要求硬件升级，在实际操作中，注重企业主体责任。可以说 HACCP 卫生管理计划，相当于企业的合规计划，属于食品领域合规实践的典范。

三、展望

鉴于合规概念在日本国内的历史演变与其在餐饮行业的适用案例，近 80 年的成果可以总结为从被动升华到主动。下一步，日本企业则试图利用先进技术解决社会课题，控制合规促生增长机会。例如，已有公司正在研发的"Tracking IoT SYSTEM"，可以直接插入水果和鱼类等生鲜食品中，测量动植物的离子反应，追踪其鲜度和糖度。"边发电边测量"的生物传感器技术，可以将信息实时传输到平板电脑或智能手机等应用管理程序。该技术有望颠覆传统的食品期限管理法制，从批量统一信息标识进化为个别追踪管理，使消费者、流通商和餐馆都可以在不损失美味的情况下有效利用每一个食物。可以说，通过实现"可持续发展"和"提高生产力"的两大课题，引导新的生产消费模式并在合规方面发挥领头作用，是日本食品行业的未来走向。

撰稿：藤原凛（日本函馆大学商学部准教授）

▶3.1.2　案例　欧盟：新食品与营养和健康声称监管

本部分描述了欧盟食品法如何监管的两个特定主题：一个是新食品的监管，另一个是营养和健康声称的监管。通过简要讨论可适用的法律框架与案例分析，阐明了欧盟食品律师在相关事项中的作用，并展望了欧盟新食品与营养和健康声称的立法发展与监管前景。

一、欧盟食品法简介

欧盟针对食品法构建了全面的法律框架。这一框架是在《通用食品法》第178/2002号法令基础上建立的。《通用食品法》规定了食品法的基本原则和食品生产经营者的一般权利和义务。除了《通用食品法》外，欧盟还有更具体的"法令（regulation）"和"指令（directive）"，它们进一步塑造了欧盟食品法。法令和指令都由欧盟立法者发布，即欧盟委员会、欧洲议会和欧洲理事会。两者的不同之处在于，法令直接适用于欧盟各成员国，而指令只是提供了一个最低标准，且需要进一步落实到各国法律中。

（一）《新食品法令》

《新食品法令》即欧盟第2015/2283号法令。新食品分两部分，一是在1997年5月15日之前没有在欧盟大量消费的食品，二是属于《新食品法令》中所列举的十个类别之一的食品，如用细胞培养生产的食品和用新生产工艺生产的食品。根据《新食品法令》，在新食品投放市场之前，申请人要提交安全档案并经欧洲食品安全局（EFSA）评估，之后欧盟委员会再根据安全档案许可使用。所有许可在本质上都是通用的，这意味着任何食品企业都可以将许可的新食品投放到欧盟市场，只要其遵守许可的使用条件、标识要求和规格。虽然这意味着更多的食品企业可以从相同的新食品许可中获利，但负面作用是食品企业可能不愿意为了竞争对手的利益而承担许可成本。为了不阻碍创新，欧盟实施了为期5年的数据保护制度。这意味着，如果申请人提交新开发的科学证据和专有数据来支撑其申请新食品，该申请人可以获得将相应的新食品投放市场的 5 年垄断权。

（二）《营养和健康声称法令》

欧盟食品法涵盖特定主题的另一个例子是《营养和健康声称法令》，即欧盟第 1924/2006 号法令。营养声称告知产品中含有什么，如"富含蛋白质"。健康声称则说明某种物质对身体的作用，如"钙有助于正常的肌肉功能"。营养和健康声称是所谓的自愿性披露的食品信息。食品企业没有义务在他们的产品上标注这样的声称，但一旦标注，他们必须遵守适用的规则。只有当所声称的核心营养在食品中占一定的百分比时，营养声称才能作出。例如，只有食品中至少 20% 的能量值由蛋白质提供时，才可以为食品声称"富含蛋白质"。健康声称则受到更严格的监管：只有有科学证据证明摄入相应物质能发挥所声称的健康功能，并且遵循许可相关的具体要求后，健康声称才能作出。健康声称在使用前必须得到欧盟委员会的许可，许可基于申请人提交的功效档案。目前有超过 250 种许可的健康声称，任何符合许可要求的食品企业都可以使用。与新食品的许可程序相似，如果食品企业想要使用尚未许可的特定成分的健康声称，可以向欧盟委员会提交其科学档案以证明特定成分具有声称功能。就像新食品的许可程序一样，当申请档案中包含专有数据时，可以授予数据保护。然而，需要指出的是，由于对健康声称的实证有严格的科学要求，很少有人能获得以及试图去获得某些健康声称的新许可。

二、案例分析和欧盟食品律师的作用

一家食品企业希望在欧盟市场投放一种作为肉类替代品的成分，例如，植物性肉饼和人造肉制品。这种成分由微生物发酵而成。该成分可能会受《新食品法令》规制并因此需在销售前获得许可，具体要取决于能否证明其在 1997 年 5 月 15 日前已用于人们的安全消费。文献研究是验证这一点最常见的方式，但上述日期之前的营销材料、销售发票甚至食谱也可能有用。欧盟食品律师可以帮助调查这种安全使用的历史，并就证据的说服力提出建议。此间有必要和国家的主管部门开展合作。在这样的案例中，这种成分被认为是新食品，关联食品企业可能会决定向欧盟委员会提交申请档案以获得许可。

此类档案的汇编通常由一个团队完成，该团队包括相关食品企业的员工、食品律师和科学专家。当科学专家就证明食品安全所需的毒性和其他安全测试提供建议时，律师会在法律事务上提供帮助。例如，律师可以请求对新开发的科学证据和专有信息进行数据保护，也可以请求对机密信息进行保密处理。后一项任务变得越来越重要，特别是在新的《透明度法令》（第 2019/1381 号法令）于 2021 年 3 月 27 日生效之后。顾名思义，新规定旨在增加欧盟风险评估的透明度。这在很大程度上意味着加强由欧洲食品安全局审查的研究的可靠性、客观性和独立性，例如，申请新食品的研究。《透明度法令》的通过是因为欧洲食品安全局不止一次因利益冲突而受到指责。公民要求加强对欧盟层面的食品安全研究审查以便更好地控制它们。《透明度法令》施行的后果之一是，即使在提交许可申请之前，申请人也必须告知欧洲食品安全局其用以支撑未来许可申请的任何委托研究。这些研究将作为欧洲食品安全局管理的委托研究，记入相应的欧盟登记册中。提交的研究会在实际申请后公开，且研究中不包含机密信息，因为保密处理这些信息的请求已获批准。欧盟登记册的设定初衷是许可的潜在申请公司提交所有相关信息，然后欧洲食品安全局就能交叉检查他们进行的研究信息。这样，申请人就不能再隐瞒不利的研究。这些新规定在公民知悉研究和保密之间制造了一个紧张地带。在这一点上食品律师可以帮忙平衡。

本案中的成分不仅是"新的"，还会在添加该成分的肉类替代品中发挥特定的功能，即提供铁。因此，该食品企业不仅希望能够销售该成分以使其用于肉类替代品，还希望宣传该成分具有某些健康益处。食品律师可以帮助核实哪些关于铁的健康声称获得了批准以及在什么条件下获得了批准。食品律师还可以建议食品企业能在多大范围内偏离许可声称的纯科学语言，以及如何用更抓人眼球的营销口号来包装健康声称。

三、对未来的展望

《新食品法令》在短期内不会有新的制度变化。为了更好地适应当前需求，《新食品法令》于 2018 年进行了更新。例如，为了简化申请程序，在欧盟委员会和欧洲食品安全局的时间管理上引入了更严格的规则。然而，可以预见的是，会有越来越多的新食品申请被提交，尤其是在代替传统肉类的替代蛋白质领域。这与欧盟希望到2050 年成为第一个气候中性大洲的雄心相契合，且能实现这一抱负中的其他宏大子目标。

关于健康声称的监管，法律建制正持续发展中。例如，欧盟期望监管植物制剂。植物制剂是由草药制成的膳食补充剂，例如荨麻（nettle）、紫锥菊（echinacea）等。《营养和健康声称法规》赋予了植物制剂非常特殊的地位。虽然这些成分的健康声称的申请档案已经获得批准，但欧盟委员会还没有准备好由此就对其（传统）证据的评估做出决定。这就导致了所谓的"搁置"情形。一方面，针对草药的健康声称的许可申请已由欧洲食品安全局提交；另一方面，欧盟委员会尚未对声称的最终证据加以评估，并由此给出是否许可的答复。这又使得市场主体可以提供一份免责声明，即有关健康声称的核验尚在评估中。然而，这种情况只是暂时的，到欧盟能依据几十年来植物制剂的传统使用经验找到可靠的科学方法来评估其功效时就会结束。

撰稿：贾斯明·布伊斯（Jasmin Buijs）[荷兰阿克森律师事务所（Axon Lawyers）律师]

翻译：乔金慧 [中国人民大学法学院法律（非法学）食品安全方向 2021 级研究生]

▶ 3.1.3　案例　美国：从法律监管视角分析沃尔玛在美国的食物捐赠实践

美国农业部数据显示，2021 年超过 10.2% 的美国人的食物供应得不到保障。为解决这一问题，美国政府近期已从各个公立机构和私营企业筹集达 80 亿美元。在抗击饥饿的运动中，绝大多数美国社区建立起一个组织网络，可识别余量食物，并将它们提供给有需要的人。然而，围绕食物捐赠的食品安全体系的缺失可能使潜在捐赠者认为捐赠食物风险过高，从而减少食物可供量。因此，在过去数十年中，美国联邦政府已出台多项涉及食物捐赠的政策。此外，各州也颁布了相关法律。

在美国，慈善食物系统包括地区食物银行，即基础食物采购方，以及食物储藏室，即向低收入个人与家庭分发食物的主要组织。目前，食物银行的食物来源主要有 3 种：一是美国农业部通过紧急食物援助计划（Emergency Food Assistance Program，EFAP）和商品补充食物计划（Commodity Supplemental Food Program，CSFP）派发的食物；二是食品制造商、零售商和种植者捐赠的食物；三是食物银行自购的食物。

本部分以沃尔玛的食物捐赠实践为案例进行研究，着眼于零售商的食物捐赠实践涉及的法律问题，旨在了解并解读美国的国家食物捐赠法律，并分享此种法律框架内的最佳实践与推荐做法。

一、美国食物捐赠法律框架概述

（一）法律规定与监管条例

1. 联邦层面的监管条例

在国家层面上，食物与营养服务局（Food and Nutrition Service，FNS）是一家政府机构，代表美国农业部将捐赠食物派发至分配机构，以待进一步的分发与使用。与此同时，美国农业部、联邦政府审计长或任何由其授权的代表可对参与食物捐赠实践的相关主体进行审计或监察，以判断其行为是否符合适用的联邦监管条例。

　　为鼓励向有需要的群体捐赠健康食物，联邦政府已颁布以下 3 项重要规定。

　　1996 年颁布的《比尔·艾默生好撒玛丽亚人食物捐赠法案》（Bill Emerson Good Samaritan Food Donation Act，以下简称《艾默生法案》），旨在增加食物捐赠量，减少浪费。《艾默生法案》为食物捐赠者和分发捐赠食物的非营利组织提供了完备的联邦保护，可避免承担民事与刑事责任。只要向为有需要的人分发食物的非营利组织捐赠食物，最终受赠者无须为食物付费，捐赠完全出于善意，且所捐赠的食物符合一切依法设立的食品安全标准，便能享受此法令的保护。

　　另一项涉及食物捐赠的联邦法律为管理联邦税收体系的《内部税收法规》。根据联邦法律，捐赠食物的美国纳税人有资格享受两项减税政策。第一项是一般性减税，即减去食物的基础价值，适用于所有慈善捐赠行为。第二项是增强型减税，适用于符合资质的食物捐赠行为，可提供更高的减免额（最高可达基础价值的 2 倍）。若要获得增强型减税资质，捐赠对象必须为非营利组织，该组织必须以符合自身非营利免税资格的方式使用所赠食物。受赠组织必须无偿分发所赠食物，并且食物必须遵守捐赠时的《联邦食品、药品与化妆品法令》。申请增强型减税时，捐赠者必须出具受赠非营利组织的书面声明。

　　此外，《2008 年美国联邦食物捐赠法令》对采购合同语言作出明确规定，以鼓励联邦机构与承包商将多余的健康食物捐给有资质的非营利组织，帮助缺乏稳定食物供应的美国群体。

　　2. 州层面的监管条例

　　除了《艾默生法案》中的联邦免责保护，全美 50 个州也为食物捐赠活动提供免责保护。除了联邦法律规定，多个州还提供额外保护。不过，有一点值得注意，《艾默生法案》提供的是联邦层面上的最低限度的保护，这意味着各州必须提供力度不小于该法令的保护，即额外保护。

（二）美国食物捐赠中的食品安全要求

1. 食物捐赠中的一般性安全规定

一切所赠食物应可安全使用，并遵守美国相关食品法律与监管条例。

联邦的食品安全监管已得到多项成文法的保障，其中最重要的包括《联邦食品、药品与化妆品法令》《禽类产品监查法令》《联邦肉类监查法令》《蛋类产品监查法令》《易腐农产品法令》。很多机构都有权制定标准并执行这些法令，其中美国食品和药物管理局和美国农业部是负责管理联邦食品安全的两大主要机构。这些联邦机构作出明确要求并监察农场、食品制造工厂和屠宰场的食品生产与加工活动。

不过，美国联邦食品安全法规以及美国食品和药物管理局和美国农业部根据该法规制定的监管条例通常不包含食物捐赠活动应遵守的食品安全准则。尽管缺乏明确规定，但联邦法律为食物捐赠者与食物回收组织提供的明确免责保护，以及联邦机构为支持减少食物浪费制定的明确目标，足以表明食物捐赠活动已得到联邦法律的许可与支持，捐赠者不必担忧。

美国多州已出台有关捐赠食品安全问题的监管条例或指导意见，但其中绝大多数仅针对某一类食物。例如，多州出台的"共享餐桌"食品安全指导意见，号召在校学生将多余（完整或未开封）食物留在共享餐桌上，供其他同学食用。一些州还颁布了关于狩猎活动中捐出多余猎物的法律。一项2018年对各州捐赠食品安全监管情况的调研结果显示，仅得克萨斯州颁布了详尽的监管规定，说明食物捐赠活动应遵守的食品安全规程。

2. 日期标识

日期标签是食品包装上的日期信息，通常包含"请于……前食用（use by）""……前风味最佳（best before）""上架时间为……（sell by）""请于……前享用（enjoy by）""保质期至……（expires on）"等字样，是食物捐赠的主要障碍。大多数食物捐赠者与食物银行会注意确保所赠食物满足安全标准，但并不完全确定应遵守哪些食品安全标准。

在美国，关于婴儿配方产品之外的食品日期标签，尚无联邦法律规定，过期食品的销售或捐赠也未受到任何约束。美国国会已授予美国食品药品监督管理局和美国农业部一般性权限，保护消费者免受欺骗性或误导性食品标签的伤害。然而，美国食品药品监督管理局与美国农业部尚未使用这一权限，对日期标签进行监管。

在缺乏联邦指定日期标签格式的情况下，部分食品企业试图使日期标签内容更为明确。2017 年，美国消费品品牌协会（前身为百货制造商协会）与食品营销研究所发起了一项自愿性的产品编码日期倡议，旨在实现业内日期标签的标准化。该倡议鼓励企业从两种食品标签中进行选择：一种为"……前食用风味最佳"，表明产品的品质与鲜度；另一种为"请于……前食用"，表明食品逾期后风险较大，不宜食用，应直接丢弃。许多企业都已同意选用这些标准化标签，但其使用并非法律强制，仍属自愿。

近年来，部分州也开始对日期标签作出明确和标准化的规定。例如，新泽西州与加利福尼亚州已颁布法律，要求或鼓励使用产品编码日期倡议中推荐的日期标签格式。将这些标准格式的使用变为联邦法律规定的法案已提交国会审批。

二、沃尔玛的食物捐赠及相关合规实践

商业食品体系始于食品的种植方、加工方和分配方。最终，食品进入零售阶段，抵达商店、餐厅、机构餐饮服务（学校、医院等等）和其他地方。在此体系的任一阶段中都有可能出现多余食物。

在与由 200 多家食物银行组成、覆盖全美的食物救济组织 Feeding America 的合作中，沃尔玛发现，零售阶段出现的多余食物由大型食物银行收集并储存。食物银行不向公众直接分发食物，而是移交至为食物供应不稳定的群体提供帮助的食物援助组织（通常被称为救济机构）。此类救济机构都会运营食物储藏项目（食物储藏室）与餐点供应项目（汤品厨房、收容所等）。食物银行会将食物送至这些机构，这些机构也可前往食物银行收取食物，或代表食物银行直接

去沃尔玛门店收取食物。

下文以沃尔玛的食物捐赠实践为例，从零售门店到食物储藏室，介绍食物捐赠流程中的 7 个常见环节。所列内容并未囊括食物捐赠中的所有步骤，而是点明常见的关键环节。

第一，识别多余食物。对于不再适合供应或销售的食物，必须判断其捐赠安全性，不安全的食物只能丢弃。这一判断并非易事，需要考虑保质期、该食物之前怎样保存、捐赠前是否需要冷冻等。沃尔玛借助内部移动应用程序 Claims 进行识别。这一移动应用程序安装于全体店员配备的掌上设备中，能够通过弹窗图片通知从视觉上引导他们判断食物是否适合捐赠。

第二，重新包装/贴标/储存。正常情况下，所有未经预包装的食物必须贴上标签，注明成分、包装日期与丢弃日期（若适用）。部分食物为散装，必须重新包装为适合存入食物储藏室的体积。食物应在合适的温度条件下进行保存，避免污染风险，并注明为捐赠物。沃尔玛内部食品安全团队参与该环节，确保所有操作符合相关标准。

第三，收取与运送。运输是关键环节。时间/温度控制与污染都是重大挑战。许多食物储藏室会派出志愿者，安排专车来收取捐赠食物。在沃尔玛的食物捐赠实践中，Feeding America 通常会以每周 3 天至 5 天的频率前往本地沃尔玛门店收取捐赠食物。易腐食物的收取频率更高，以符合可食用标准。

第四，接收与评估。抵达储藏室的食物将接受检查，确保可安全食用。

第五，重新包装/贴标/储存。冷藏是一大问题，许多食物储藏室缺少商用冷藏设备，设备温度记录管理机制也不完善。部分食物储藏室一周只开放一次，无法及时筛除过期食物。食物储藏室有时需要对捐赠者送来的散装食物进行重新包装，但操作时的环境卫生得不到保障，可能是备有水池与手套的洁净房间，也可能是人来人往的简易桌。

第六，展示。即便拥有充足的冷藏条件，食物储藏室也可能缺少在开放时段使用的冷藏展示设备。因此，食物只能在室温环境中展示，由工作人员手动轮换，及时将食物送回储藏区。

第七，重新评估。每次开放时段结束后，食物储藏室必须对剩余食物进行评估，判断下次开放时这些食物是否可安全食用。不同州与地方的监察与许可管理范围差异很大，主要取决于法律豁免规定、对于食物服务机构等概念的解释以及可用资源。部分地方会对所有处理易腐食物的救济机构进行许可与监察，而多数情况下，此种许可与监察针对供应餐点的机构，并且通常免除许可费用。

三、小结

在美国食物捐赠相关政策与法律框架内，沃尔玛与 Feeding America 携手开展食物捐赠工作。自 2005 年起，沃尔玛以及沃尔玛基金会通过 Feeding America 捐赠了超过 70 亿磅的食物，并为其提供了超过 1.45 亿美元的资助。自 2014 年"抗击饥饿 激发变化"行动发起至今，沃尔玛以及旗下的山姆会员商店、上下游供应商和顾客累积为 Feeding America 及其本地食物银行筹集了超过 1.65 亿美元。这些成果离不开沃尔玛在捐赠合规性方面的良好实践、移动应用技术的落地，以及其帮助社区抗击饥饿的坚定愿景。

撰稿：沃尔玛

3.2 我国其他领域监管与合规启示

▶ **3.2.1 案例 刑事合规：以涉案企业合规改革助推企业合规经营**

党中央高度重视企业合规管理，习近平总书记在推进"一带一路"建设工作5周年座谈会上强调，"要规范企业投资经营行为，合法合规经营"。习近平总书记还在民营企业座谈会上强调，"民营企业家要讲正气、走正道，做到聚精会神办企业、遵纪守法搞经营，在合法合规中提高企业竞争能力"。企业作为市场主体是经济的细胞，企业有活力，经济才能健康发展。近年来，我国企业违规事件不断出现，规范企业经营行为、补齐企业治理中的合规短板变得十分紧迫。为了避免办案简单化，避免造成办理一个刑事案件，垮掉一个企业、失业一批职工的不利后果，最高人民检察院开始推动企业合规改革试点工作。检察机关进行企业合规改革不仅契合了宽严相济的刑事政策，还是参与国家治理和社会治理的体现。

一、涉案企业合规改革发展历程

2020年3月，最高人民检察院开始进行企业合规相对不起诉的改革探索，在上海浦东、金山，江苏张家港，山东郯城，广东深圳南山、宝安6家基层检察院开展第一期合规改革试点工作。试点要求，检察院在办理涉企犯罪案件时，对符合企业合规改革试点适用条件的，在依法不捕不诉或者提出轻缓量刑建议等的同时，针对企业涉嫌的具体犯罪，督促涉案企业作出合规承诺并积极整改落实，促进企业合规经营。

2021年4月，最高人民检察院启动第二批企业合规改革试点工作，试点范围有所扩大，涉及北京、辽宁、上海、江苏、浙江、福建、山东、湖北、湖南、广东十个省（直辖市），试点范围扩展到62个市级院、387个基层院。2022年4月初，最高人民检察院部署全面推开改革试点。截至2022年8月，全国检察机关累计办理涉案企业合规案件3218件，其中适用第三方监督评估机制案件2217件，对整改合规的830家企业、1382人依法作出不起诉决定。

二、涉案企业合规改革的制度设计

（一）规范性文件依据

2021—2022年，最高人民检察院为涉案企业合规改革不断谋划顶层设计，联合中华全国工商业联合会等第三方机制管理委员会成员单位出台了《关于建立涉案企业合规第三方监督评估机制的指导意见（试行）》《关于建立涉案企业合规第三方监督评估机制的指导意见（试行）实施细则》《涉案企业合规第三方监督评估机制专业人员选任管理办法（试行）》《涉案企业合规管理体系建设、有效性评估和审查办法（试行）》。

（二）案件范围与适用条件

从案件类型来看，涉案企业合规案件适用的案件类型包括公司、企业等市场主体在生产经营活动涉及的各类犯罪案件，既包括公司、企业等实施的单位犯罪案件，也包括公司、企业实际控制人，经营管理人员，关键技术人员等实施的与生产经营活动密切相关的犯罪案件。但具有下列情形之一的涉企犯罪案件，不适用企业合规试点：一是个人为进行违法犯罪活动而设立公司、企业的；二是公司、企业设立后以实施犯罪为主要活动的；三是公司、企业人员盗用单位名义实施犯罪的；四是涉嫌危害国家安全犯罪、恐怖活动犯罪的。

从企业范围来看，涉案企业合规试点所适用的企业类型无论是民营企业还是国有企业，无论是中小微企业还是上市公司，都可以适用。

（三）第三方监督评估机制

1. 第三方机制管委会

涉案企业合规整改并不是突破罪刑法定，对企业家或企业进行"放水"。涉案企业需要针对涉案合规风险建立健全专项合规体系，切实起到防范同类犯罪发生的作用。为此，需要建立专业机制对企业合规进行监管。2021 年，在第三届民营经济法治建设峰会上，最高人民检察院会同中华全国工商业联合会等八部门，正式成立涉案企业合规第三方监督评估机制管理委员会，司法、执法、行业监管等各方面多领域协同开展第三方监督评估。2022 年，全国层面的由九部门组成的第三方监督评估委员会再次扩员，人力资源和社会保障部、海关总署、中国证券监督管理委员会申请加入，对处理劳动用工类、进出口类、金融犯罪起到积极作用。在地方层面，各部门可以结合本地实际，组建本地区的第三方机制管委会。

2. 第三方监督评估机制

涉案企业合规第三方监督评估机制，是指人民检察院在办理涉企犯罪案件时，对符合企业合规改革试点适用条件的，交由第三方监督评估机制管理委员会选任组成的第三方监督评估组织，对涉案企业的合规承诺进行调查、评估、监督和考察。考察结果作为人民检察院依法处理案件的重要参考。在涉案企业、个人认罪认罚；能够正常生产经营，承诺建立或者完善企业合规制度，具备启动第三方机制的基本条件；涉案企业自愿适用的基础上，检察机关可以利用第三方监督评估机制对涉案企业合规整改进行监督考察。

3. 第三方组织的运行

第三方机制管委会收到人民检察院商请后，根据案件和企业特点从专业人员名录库（一般由律师、税务师、会计师等专业人员组成）中分类随机抽取人员组成第三方组织。

第三方组织可以在检察机关的协助下了解涉案企业情况等，做好前期准备工作。在前期考察结束后，第三方组织可以要求涉案企业提交单个或多项合规计划。第三方组织重点审查企业提交的合规计划是否覆盖涉案的合规监管漏洞，是否能切实避免类似违法犯罪行为发生。若企业提交的合规计划符合审查要求，第三方组织就可在征求办案检察院意见后确定合规考察期。考察期内，第三方组织可以不定期对涉案企业进行监督，考察其合规计划的执行情况。考察期结束后，第三方组织要对涉案企业合规计划执行进行评估，给出考察意见并制作书面考察报告报送检察机关。检察机关对考察报告也要进行审查，避免企业合规整改成为走过场的"纸面合规"。

三、涉案企业合规改革效果

根据《涉案企业合规管理体系建设、有效性评估和审查办法（试行）》规定，对于涉案企业合规建设经评估符合有效性标准的，人民检察院可以参考评估结论依法作出不批准逮捕、变更强制措施、不起诉的决定，提出从宽处罚的量刑建议，或者向有关主管机关提出从宽处罚、处分的检察意见。对于涉案企业合规建设经评估未达到有效性标准或者采用弄虚作假手段骗取评估结论的，人民检察院可以依法作出批准逮捕、起诉的决定，提出从严处罚的量刑建议，或者向有关主管机关提出从严处罚、处分的检察意见。例如，湖北随州办理的某矿业公司及其负责人非法占用农用地案件，第三方组织针对涉案企业申请合规监管动机不纯、认罪不实、整改不主动不到位等情况，综合给出合规考察结果为"不合格"，检察机关据此依法提起公诉。

最高人民检察院还发布了 3 批涉案企业合规典型案例。在 3 批典型案例中，检察机关综合运用第三方监督评估机制、检察听证等方式办理涉案企业合规案件。有的企业还以此为契机，完善企业合规管理体系，要求企业员工具备合规意识，实现了企业规范发展。

随着涉案企业合规改革试点的逐步深入，刑事法视野下企业合规研究成为学术界的热门话题，产生了一批学术成果。当前，有诸多学者以合规改革对刑法、刑事诉讼法的挑战为主题撰写专题文章，提出修改的意见建议。也有学者开始讨论涉案企业合规中的行刑衔接机制。目前，涉案企业合规改革已经全面推开，在改革中进一步积累经验、凝聚共识，使合规从宽制度既能有效预防企业犯罪惩治违法企业又能营造法治营商环境促进经济社会发展，是共同的期许和担当。

撰稿：任肖容（最高人民检察院检察理论研究所助理研究员）

▶ 3.2.2 案例 药品合规：亚硝胺类杂质的监管指导及其评估协调

N-亚硝基化合物是由亚硝化物质（亚硝酸盐、氮氧化物等）与胺类物质（主要是二级胺类物）反应生成的。诸多的研究已经表明人和许多哺乳动物的胃中能够合成 N-亚硝基化合物，硝酸盐以及亚硝酸盐作为合成的前体物质，来源广泛，可通过饮食摄入。在微生物、天然催化剂等各种催化剂存在的情况下，前体物质被转化成相对应的 N-亚硝基化合物，其反应速率与亚硝酸盐、胺类或酰胺类物质的浓度以及环境的 pH 值等有关。胃酸环境下，含有足够的二级胺和亚硝酸盐时就可以形成亚硝基化合物。

遗传毒性杂质控制要求的差异给业界带来困难，国际人用药品注册技术协调会（ICH）就这些差异进行协调，2013 年 2 月，启动制定 ICH M7《评估和控制药物中 DNA 反应性（致突变）杂质以限制潜在的致癌风险指南》。ICH M7 吸收了欧美监管机构的遗传毒性杂质相关内容，如警示结构、埃姆斯试验（Ames test）、有充分阈值证据和无阈值证据杂质分类，毒理学关注阈值（Threshold of Toxicological Concern，TTC）方法等。2015 年 6 月，ICH 修订 M7 并发布 M7（R1），主要增补 M7 附录部分。ICH M7（R1）指南意在补充 ICH Q3A（R2）《新活性物质中的杂质指南》、Q3B（R2）《新制剂中的杂质指南》和 M3（R2）《支持药物进行临床试验和上市的非临床安全性研究指南》，目的在于指导如何对遗传毒性杂质进行评估和控制。ICH M7 的颁布具有里程碑式的意义，已成为国际上广泛认可的遗传毒性杂质控制指南。

一、亚硝胺类杂质的风险及其评估

N-亚硝基化合物是由亚硝化物质（亚硝酸盐、氮氧化物等）与胺类物质（主要是二级胺类物）反应生成的。在微生物、天然催化剂等各种催化剂存在的情况下，前体物质被转化成相对应的 N-亚硝基化合物，其反应速率与亚硝酸盐、胺类或酰胺类物质的浓度以及环境的 pH 值等有关。诸多的研究已经表明，人和许多哺乳动物的胃中能够合成 N-亚硝基化合物，硝酸盐以及亚硝酸盐作为合成的前体物质，来源广泛，可通过饮食摄入。胃酸环境下，含有足够的二级胺和亚硝酸盐时就可以形成亚硝基化合物。1972 年，世界卫生组织国际癌症研究机构（IARC）首次发布人类致癌风险评估专论第 1 卷，包括 5 种亚硝基化合物的动物试验致癌研究结果，其中包括 N-

亚硝基二甲胺（NDMA）、N-亚硝基二乙胺（NDEA）、亚硝基甲基脲，亚硝基乙基脲，N-甲基-N，4-二亚硝基苯胺。1978 年，第 17 卷专论已纳入 17 种 N-亚硝基化合物的致癌研究结果。1987 年，IRAC 发布第 7 卷专论增补本，其中 NDMA 和 NDEA 被列入 2A 类致癌物质。NDMA 在包括啮齿类等 7 种动物的动物试验中均有致癌作用的结论。但目前还没有对暴露于 NDMA 的人类受试者的长期随访研究，尚无人类致癌病例报告或流行病学研究结论。2017 年 10 月 27 日，世界卫生组织公布最新版致癌物清单，NDMA 和 NDEA 仍在 2A 类致癌物质之列。

常见 N-亚硝胺类杂质是一类以亚硝基（-NO）中氮原子与氨基中的氮原子连接，并在氨基上发生取代而生成的一类化合物，是研究最多的 N-亚硝基化合物。亚硝胺类杂质广泛存在于食物和自然界中，对亚硝胺类杂质的人类风险研究由于研究人群太小或观察到的事件太少，无法得出观察结果是偶然发生还是真实效果的最终结论。目前，有关人体中亚硝胺类杂质的毒理学数据十分有限。当前，亚硝胺类杂质对人类健康的影响只能根据动物研究推断，即 TTC。TTC 是利用已有化学物质的毒理学数据库进行风险评估时，当某一化学物质的人体暴露剂量低于相应阈值时，该化学物质对人体潜在健康危害的可能性就会很低，即无须进行毒理学关注。

二、ICH M7（R1）核心理念

ICH M7（R1）指南关注焦点为较低水平暴露即可直接造成 DNA 损伤，进而导致 DNA 突变，可能引发癌症的 DNA 反应性物质。基于杂质致突变性及致癌性试验结果对杂质分类，建立对可能的及实际存在的致突变杂质或降解产物的评估和控制策略。致突变性的判定依据主要是 Ames 试验结果，致癌性则以动物致癌试验结果和人类致癌性相关证据（主要来源于环境、食品及职业暴露的研究结果）来判定。主要通过数据库检索已有的相关研究数据，包括免费和付费数据库。

（一）定量构效关系（QSAR）评价方法

根据已有知识，基于结构的评估有助于预测细菌致突变试验结果。这种评估有多种方法，包括查阅参考已有文献或采用 QSAR 方法学计算机毒理学模拟评估。

（1）杂质危害评估分类

当无法获得杂质的致突变性/致癌性数据时，ICH M7 推荐采用两种原理不同的软件系统，以专家推理规则为基础的系统和以统计学为基础的系统来预测杂质的毒性。目前常用的以统计学为基础的模型系统有 Leadscope Genetox Statistical QSAR（Leadscope Inc）、CASE Ultra（MultiCASE Inc）及 Sarah exus（Lhasa Limited）；以专家规则、知识为基础的模型系统有 Leadscope Genetox Expert Alerts（Leadscope Inc）及 Derek Nexus（Lhasa Limited）。通常建议选择最新版本的预测软件进行安全性预测。可能影响预测结果的杂质结构特征包括警示结构周围的电子密度和空间环境及杂质分子的大小和形状等。在输入杂质特有的化合物信息后，分析软件自动与系统内的已有数据（training set）比较，根据其结构相似程度，判断是否存在警示结构。以统计学为基础的系统基于概率参数给出结论，专家系统可以依据 Ames 试验的菌株、试验浓度等模仿专家的判断过程给出结论。

进行危害性评估时，首先通过对数据库和文献的检索获得杂质致癌性和细菌致突变数据，对实际和潜在杂质进行初步分类，根据表 3-1 将其归为 1 类、2 类或 5 类。如果无法获得分类所需的数据，则应当进行预测细菌致突变性的构—效关系（SAR）评估。根据评估结果将杂质归为 3 类、4 类或 5 类。

表 3-1　根据致突变性和致癌性对杂质进行分类及控制

分类	定义	拟定的控制措施
1	已知致突变致癌物	含量控制不超过该化合物特定的可接受限度
2	致癌性未知的已知致突变物（细菌致突变阳性*，但无啮齿类动物致癌性数据）	含量控制不超过可接受限度（合适的 TTC）

表3-1续

分类	定义	拟定的控制措施
3	有与 API 结构无关的警示结构，无致突变性数据	含量控制不超过可接受限度（合适的 TTC）或进行细菌致突变试验；如无致突变性，归为 5 类，如有致突变性，归为 2 类
4	有警示结构，且与经测试无致突变性的 API 及其相关化合物（例如，工艺中间体）具有相同的警示结构	按非致突变杂质控制
5	无警示结构，或虽有警示结构但有充分的数据证明无致突变性或无致癌性	按非致突变杂质控制

注：＊或其他相关的阳性致突变性数据，这些数据可证明 DNA 反应活性相关的基因突变（例如，体内基因突变研究显示阳性）。

　　为了提高预测可靠性，应当采用两种互补的 QSAR 预测方法，预测细菌致突变试验的结果。一种方法应当基于专家知识规则，另一种方法应当基于统计学。如果经两种互补的 QSAR 方法模拟预测均没有警示结构，则足以得出该杂质没有致突变性担忧的结论，建议不做进一步的检测（归为表中的 5 类）。

　　对计算机系统得到的任何阳性、阴性、相互矛盾或无法得出结论的预测结果，如有必要，申请人可根据专业知识进行综合评估，提供进一步支持性证据，合理论证并得出最终结论。

　　对具有警示结构（表 3-1 中的 3 类）的杂质可采取充分的控制措施，或者对该杂质单独进行细菌致突变试验。如果杂质通过规范的细菌致突变试验结果为阴性，则可以推翻任何基于结构的担忧，不建议进行进一步遗传毒性评估。这些杂质视为非致突变杂质（表3-1 中的 5 类）。如果细菌致突变试验为阳性，则需要进行进一步的危害评估或采取控制措施（表3-1中的2类）。

与原料药或相关化合物具有相似的警示结构（例如，在相同位置和相同化学环境下具有相同警示结构）的杂质，如明确细菌致突变试验为阴性，则可视为非致突变杂质（表3-1中的4类）。

（2）风险表征—TTC阈值

ICH M7（R1）指南采用了TTC的概念。TTC定义了未经研究的化学物质在致癌或其他毒性作用风险可忽略时的可接受摄入量（ADI）。在使用TTC评估API和制剂中致突变杂质的可接受限度时，宜采用1.5 μg/天的杂质限度值，该值应当理论上额外增加10^{-5}的患癌风险。已确定有些结构基团具有较高的致癌性，即使摄入量低于TTC水平，理论上仍会具有高致癌风险。这类高效致突变致癌物，被称为"关注队列（Cohort of Concern，COC）"，包括黄曲霉毒素类、N-亚硝基化合物，以及烷基-氧化偶氮基化合物。在研发和上市期间短于终生（Less-Than-Lifetime，LTL）的暴露时，允许杂质有相对更高的可接受限度，并仍保持相同的风险水平（详见图3-2）。

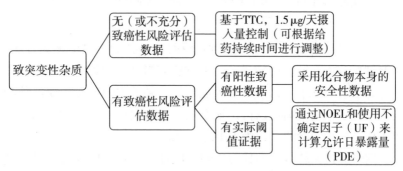

图3-2　药物中致突变性杂质控制阈值策略

根据所述的危害评估方法，每个杂质应当按上表3-1中5个类别进行分类。ICH M7（R1）指南给出推导1、2、3类杂质ADI的风险表征原则。

①基于TTC的ADI

基于TTC计算ADI时，单个致突变杂质每人每天摄入1.5 μg时，其风险认为是可以忽略的，这一限度值可以通用于大部分药物，作为杂质可接受控制限度的默认值。TTC 方法一般用于长期治疗使用（>10 年）药物中存在且无致癌性数据（2 类和 3 类）的致突变杂质。

②基于特定化合物的风险评估数据设定 ADI

其一，具有阳性致癌性数据的致突变杂质（表 3-1 中的 1 类）

如果有足够的致癌性数据，则应当采用该特定化合物的风险评估数据来推导 ADI，而非基于 TTC 的 ADI。

其二，有实际阈值证据的致突变杂质

在可获得相关数据的前提下，可通过未观察到作用水平（NOEL）和使用不确定性因子［参见 ICH Q3C（R5）］来计算允许日暴露量（Permissible Daily Exposure，PDE），计算公式如下：

$$PDE = \frac{NOEL \times 体重（调整）}{F1 \times F2 \times F3 \times F4 \times F5}$$

基于特定化合物的风险评估数据推算的 ADI 限度可根据给药时间长短，按照短于终生（Less-Than-Lifetime，LTL）暴露相关的时间比例，对限度值进行调整，或应当根据每日最大给药剂量控制在不超过 0.5%，二者取较低者。例如，如果终生暴露时某化合物 ADI 为 15 μg/天，短于终生暴露限度可以增加至 100 μg（>1~10 年治疗时长），200 μg（>1~12 个月）或 1200 μg（≤1 个月）。但是，对于最大日服用剂量已知的药物，例如最大日服用剂量 100 mg，则≤1 个月时长的每日 ADI 应限制在 0.5%（500 μg），而不是 1200 μg。

③短于终生（Less-Than-Lifetime，LTL）暴露相关的 ADI

已知致癌物的标准风险评估方法假定了癌症风险与累积剂量呈正相关。因此，终生以低剂量持续给药与在较短时间内给予相同累积暴露量的药物在患癌风险上是等同的。基于 TTC 的 ADI 1.5 μg/天被认为是安全的终生日暴露量。药品中致突变杂质的 LTL 暴露量可理解为可接受的累积终生摄入量（1.5 μg/天×25,550 天=38.3 mg）在 LTL 期间均匀分配在总暴露天数中。即允许致突变杂质日摄入量高于终生暴露时的日摄入量，其风险水平与终生每日或非每日服药相当。表 3-2 是从上述概念推导而得的数据，说明了临床研发阶段和上市阶段 LTL 至终生暴露时的 ADI。间歇给药时，ADI 应当根据给药总天数计算，而不是服药开始至停药的总时间跨度，给药天数需符合下表中相关的给药时长分类。例如，两年期间每周服用一次的药物（即给药 104 天），其 ADI 为每日 20 μg。

表 3-2　单个杂质的可接受摄入量（ADI）

治疗期	≤1月	>1~12 个月	>1~10 年	>10 年至终生
日摄入量（μg/天）	120	20	10	1.5

对于临床试验阶段，上述 LTL 方法致突变杂质的 ADI 适用于有限的治疗时间段的临床试验，如 1 个月、1~12 个月，以及超过 1 年的临床研究直至完成Ⅲ期临床试验。这些调整后的 ADI 在获益还未确定的早期临床开发中控制在百万分之一（10^{-6}）的致癌风险水平，在后期研发阶段控制在十万分之一（10^{-5}）的致癌风险水平。对于给药周期不超过 14 天的Ⅰ期临床试验，不必严格采用上述致突变杂质经调整后的 ADI，可采用替代方法。其他杂质按非致突变杂质控制，其中包括 3 类杂质，因Ⅰ期临床持续时间有限，无须进行评估。

对于已上市药品，绝大多数患者可按照表 3-2 根据治疗时间确定 ADI。

④多个致突变杂质的 ADI（详见表 3-3）

根据 TTC 得出的 ADI 适用于每个单杂。如果存在两个 2 类或 3 类杂质，应当单独设定各自限度。对于临床研发和已上市的药品，如果 API 的质量标准中有 3 个或更多的 2 类或 3 类杂质，应当按照下表所述制订总的致突变杂质限度。对于复方药品，每种活性成分应当单独设定各自限度。

表 3-3　多个杂质的可接受总摄入量

治疗期	≤1月	>1~12 个月	>1~10 年	>10 年至终生
日总摄入量（μg/天）	120	60	30	5

⑤特例和方法灵活性

如果某杂质通过其他途径在人体中的暴露量更大，如食品或内源性代谢物（例如甲醛），则设定更高的 ADI 可能是合理的。

在严重疾病、预期寿命缩短、迟发的慢性疾病或治疗选择有限的特殊情况下，可根据具体情况制订合理的 ADI。

致突变物中某些结构的化合物存在高致癌风险（"关注队列"），即黄曲霉毒素类物质、N-亚硝基化合物以及烷基-氧化偶氮结构化合物。如果药物中存在这些杂质，则 ADI 可能会显著低于指南中定义的 ADI。尽管仍可以使用本指南的策略，但是，通常应当针对个案情况开发研究方法，例如，使用密切相关的化学结构的致癌数据（如果有）来证明制剂研发阶段和上市产品中 ADI 的合理性。

三、我国落实 ICH M7（R1）的监管完善建议

2019 年 2 月 13 日，国家药品监督管理局药品审评中心（CDE）对 4 个 ICH 指导原则中文翻译稿公开征求意见，其中包括 ICH M7（R1）。2020 年 1 月，CDE 发布关于 11 个 ICH 指南原则的转化实施公告，其中包括 ICH M7。之后，国家药品监督管理局药审中心关于发布《化学药物中亚硝胺类杂质研究技术指导原则（试行）》的通告（2020 年 1 号），从注册角度对亚硝胺类杂质研究提出技术要求。在基因毒杂质控制方面，我国的企业还处在初级阶段，后续应当加大上述指南的宣传、培训力度，推进指南的应用和实施。就目前掌握的信息，患者暴露药品亚硝胺类杂质的风险很低，不高于正常日常饮食水平可能暴露的水平，但出于保护和促进公众健康的考虑，仍采取谨慎严格的监管态度，建议企业对超过建议临时限度值的药品召回，要求企业科学评估产品风险来源，必要时采取召回措施，并积极寻求变更生产工艺，采取可靠的工艺去除亚硝胺类杂质，禁止市场上出现超过限度值的药品。

撰稿：杨悦（清华大学药学院研究员、清华大学药学院药品监管科学研究院院长）

▶ 3.2.3 案例 数据合规：中国数据治理的态势概述及其合规启示

围绕数据安全与数据保护、数字经济与数字政府以及数据要素市场建设等具体议题，国家相继出台相关政策战略，引导数据开发利用进行有益探索，不断推进国家的数字化转型进程。数字化转型已成为国家政策战略和大政方针的核心组成部分，有效促进数据开放共享已成为数据时代的应有之义，强调数据安全保障的红线战略意义日趋关键。数据治理的法律顶层设计已初步形成，相关配套规范、标准的研究出台亦在加速推进，我国在长期信息化、数字化建设的基础上建构着眼于数据流转利用全生命周期主体规则的数据治理框架体系，在政策战略、法律法规和其他规范三大方面已构成了各利益相关方建构数据合规风控体系的行为依据和操作指南。其整体旨在从技术要素、组织管理和信息内容 3 个层面保证数据流转利用过程中个人权益、公共利益和国家安全等各项安全与发展利益的动态平衡，全面培育打造国内国际相联结的可持续数据治理生态。

一、中国数据治理法制的核心要求

着眼我国政策战略性文件与现行立法，结合国内监督执法实践，可以认为中国现阶段数据治理的各项核心要求主要有以下表现。

第一，逐步完善数据标准体系和制度体系，全面提升信息数据的采集、处理、传输、利用和安全能力，大力推动信息系统和数据在安全前提下的开放与互联互通。

第二，不断丰富涵盖基础、数据、技术、平台、工具、管理、安全和应用等方面的大数据标准体系；推动数据采集的指标口径、分类目录、交换接口、访问接口、数据质量、数据开放和共享等标准的研究、制定、验证和推广应用；加快建立适用于各类主体的数据标准和统计标准体系。

第三，促进完善新兴应用领域中的信息保护、数据流通、政府数据公开、安全责任等法律规则；推动开展数据源可信验证、大数据安全传输、非关系型数据库存储安全、数据汇聚隐私保护、数据动态脱敏、数据防泄漏、软件系统漏洞分析、大数据系统风险评估和安全监测等技术的研发。

第四，加快信息资源核心元数据、信息资源标识符编码规则、信息平台互联共享、空间信息应用共享交换等基础性数据标准制修订，研究完善行业信息数据治理体系。

第五，明确数据采集、传输、存储、使用、开放等各环节中保障网络安全的范围边界、责任主体和具体要求，促进网络安全监管体系和法规体系逐步健全，建立大数据安全评估体系；推动政府、行业、企业间的网络风险信息共享，促进网络安全相关数据融合和资源合理分配，实现国家网络安全信息汇聚共享和关联分析。

第六，加强安全技术保障手段及数据安全防护技术手段，提升安全态势感知和综合保障能力；建立健全平台运行管理、网络安全保障等方面的标准；建设大数据协同安全技术创新平台，强化网络综合运维管理，提高内网网络安全管控和综合支撑能力。

第七，加快培育数据要素市场，着力解决数据要素市场供需不平衡问题，加速探索研究数据权属、数据交易、数据共享、公共数据开放利用等问题，构建有效市场机制，研析公共数据生态与政企合作的多维互动关系，破解数据供给难题，激发数据要素潜力，推动规模市场形成。

二、中国数据治理前沿问题与企业合规启示

（一）核心数据和重要数据

《工业和信息化领域数据安全管理办法（试行）（征求意见稿）》（以下称《管理办法》）作为《中华人民共和国数据安全法》（以下简称《数据安全法》）的下位法，是对《数据安全法》中提出的"工业、电信、自然资源、卫生健康、教育、国防科技工业、金融业等行业主管部门承担本行业、本领域数据安全监管职责"的落实与贯

彻。其主要规范在我国境内开展的工业和信息化领域数据处理活动，厘清了"工业数据""电信数据""无线电数据""工业和信息化领域数据处理者"的基本概念，明确了界定不同级别数据（一般数据、重要数据、核心数据）的判定条件，因此相关领域企业应采取如下措施。

第一，根据同级别数据（一般数据、重要数据、核心数据）的判定条件，梳理企业数据处理活动，重点整理可能涉及的重要数据、核心数据，做好重要数据和核心数据的目录备案要求。

第二，重要数据的处理者应当明确数据安全负责人和管理机构，落实数据安全保护责任。

第三，对于构成数据处理者的企业除关注《管理办法》的要求外，还应关注《数据安全法》、工业和信息化部印发的相关指南［如《工业数据分类分级指南（试行）》］和全国信息安全标准化技术委员会的相关标准中的要求。

第四，落实涉及重要数据与核心数据的特殊安全保护要求。

第五，被认定为工业和信息化领域数据处理者，在进行跨主体提供、转移、委托处理核心数据时，企业应根据规定做好相关安全风险评估工作。

（二）个人信息的跨境提供及员工个人信息问题

就《中华人民共和国个人信息保护法》（以下简称《个保法》）对企业合规建设的基本要求而言，需要系统开展的工作主要包括如下内容。

第一，完善内部管理制度和操作规程。企业应根据其个人信息处理业务的规模、领域以及监管环境完善内部个人信息管理制度和操作规程。此外，从实践的难度和可能性考虑，对员工敏感个人信息的处理也可设计适用《个保法》第十三条第（二）款规定的合法性基础的各种机制：一是严格限定处理员工敏感个人信息的合理范围；二是企业应履行更加充分的告知义务；三是企业应建立个人信息保护和管理制度。

第二，建立个人信息保护影响事前评估机制。企业在开展以下业务时应进行事前评估：处理敏感个人信息；利用个人信息进行自动化决策；委托处理个人信息、向其他个人信息处理者提供个人信息、公开个人信息；向境外提供个人信息等。评估内容应包括：个人信息的处理目的、处理方式等是否合法、正当、必要；对个人权益的影响及安全风险；所采取的保护措施是否合法、有效并与风险程度相适应。相关评估报告应当至少保存三年。

第三，制订个人信息安全事件应急预案。落实《个保法》的具体规定，企业个人信息安全事件应急预案应包含以下内容：一是安全事件应急响应的组织机构和工作机制、责任机制。二是如何记录、评估和上报信息安全事件，包括记录事件内容，评估事件影响并及时采取减损措施，依法向网信部门上报等。三是履行对个人信息主体的告知义务，告知内容包括：安全事件涉及的信息种类、原因和可能造成的危害；已采取的补救措施和个人可以采取的减轻危害的措施；企业的联系方式。四是应急响应培训和应急演练计划。

第四，建立个人信息分级管理机制。企业应将个人信息根据其敏感程度进行分类保护，建立个人信息分级管理机制，鉴别和区分企业处理个人信息的不同类别，并着重针对敏感个人信息、未成年人信息设置单独同意等特殊规则。

第五，建立个人信息处理规则公开机制。企业在处理个人信息前，应当以显著方式、清晰易懂的语言真实、准确、完整地向个人告知本企业个人信息处理规则，该规则还应便于查阅和保存。除此之外，从国际化营商环境建设考虑，在国家政策层面有必要考虑为外企员工个人信息和出境设置特别通道，或为外企人力资源管理系统本地化提供便利条件或税收优惠支持等，具体而言，一是引导外企开展员工个人信息跨境流通合规工作；二是设计构建员工个人信息跨境流通安全评估机制；三是构建从事员工数据跨境业务企业的资质认证制度；四是设计针对员工个人信息跨境场景的新型知情同意模式。

（三）数据安全审查制度与《数据安全法》下的监管执法机制

《数据安全法》的制度设计体现了安全与利用并重的思想，该法不仅是安全保障法，也是数据开发与利用的促进法。在《数据安全法》的制度设计中，对监管体系进行了创新，在第五条中明确了中央国家安全领导机构统筹协调下的行业数据监管机制；对于国家网络安全事件应急工作机制，《国家网络安全事件应急预案》亦做了相关规定。企业应对其中的监管机构与执法机制背后的核心诉求有一定的了解与把握，以指导企业相关数据合规工作的开展。

此外，企业也需关注数据安全审查相关制度带来的事务影响，《网络安全审查办法》中的数据安全审查在以下几个方面的相关规定值得企业关注。

第一，审查主体和内容范围扩大。《网络安全审查办法》扩大了因为国家安全原因需要进行网络安全审查的主体，同时将审查的内容进行了扩张。

第二，加强中国企业赴国外上市的网络安全审查。《网络安全审查办法》将赴国外上市的"掌握超过100万用户个人信息的网络平台运营者"归为必须申报网络安全审查的主体，并将拟提交的IPO上市申请材料作为必须提交的申报材料。此外，企业还应当在赴国外上市活动中区分并同时做好网络安全审查与数据出境安全评估。

第三，细化并丰富了影响或可能影响国家安全的标准。具体来说，办法增加了核心数据、重要数据或者大量个人信息3类对象的审查要求，但对"大量个人信息"还需要制定具体规定进行定义和细化，从"掌握超过100万用户个人信息的网络平台运营者赴国外上市，必须向网络安全审查办公室申报网络安全审查"这一条款观察，可以将100万用户个人信息作为参考。

第四，增加被审查主体在审查期间的预防和消减风险义务。为防范在网络安全审查过程中可能出现的安全问题，《网络安全审查办法》在第十六条要求关键信息基础设施运营者、网络平台运营者在审查期间应当按照网络安全审查要求采取预防和消减风险的措施，例如，加强技术防范、暂停数据活动、进行安全备份等。

三、结语

总体而言，基于建设网络强国和数字中国的战略安排，党和国家不仅在产业升级和经济发展的层面，而且在民众福祉、权利保障乃至国家主权的高度考量数据治理立法的必要性与紧迫性；不仅重视事后的依法惩处，而且重视事前与事中的预先防范；不仅注重国内制度架构的完善，而且注重国际规范体系的建构。在当下的中国，谈及数据治理有着更为丰富的社会内涵和更为深刻的政策底蕴。

撰稿：吴沈括（北京师范大学互联网发展研究院院长助理、博士生导师、中国互联网协会研究中心副主任）

参考文献

[1] 安永康. 基于风险而规制：我国食品安全政府规制的校准 [J]. 行政法学研究, 2020, 4.

[2] 蔡鲁峰, 李娜, 杜莎等. N-亚硝基化合物的危害及其在体内外合成和抑制的研究进展 [J]. 食品科学, 2016, 37 (5).

[3] 邓峰. 公司合规的源流及中国的制度局限 [J]. 比较法研究, 2020, 1.

[4] 樊胜根, 高海秀. 新冠肺炎疫情下全球农业食物系统的重新思考 [J]. 华中农业大学学报（社会科学版）, 2020, 5.

[5]《非传统食品安全及应对策略》编委会. 非传统食品安全及应对策略 [M]. 北京：中国标准出版社, 2020.

[6] 郭海英. 我们为什么关注"隐性饥饿" [J/OL], 北京青年报 [2019-10-20]. http: //health. people. com. cn/n1/2019/1020/c14739-31409344. html.

[7] 韩大元. 通过法治推进食品安全国家战略 [N]. 法制日报, 2015-12-23 (9).

[8] 韩大元. 食品安全权是健康中国的基石 [R]. 系作者在首届中国食品安全典型十大案例（2015）发布会上发言, 2015.

[9] 胡锦光, 孙娟娟. 食品安全监管与合规：理论、规范与案例 [M]. 北京：中国海关出版社, 2021.

[10] 胡颖廉. "中国式"市场监管：逻辑起点、理论观点和研究重点 [J]. 中国行政管理, 2019, 5.

[11] 洪海. 探索市场监管领域合规监管的必要性思考 [J]. 中国市场监管研究, 2021, 7.

[12] 黄传峰等. 食品真实性关键技术在监管科学领域的研究建议 [J]. 食品安全质量检测学报, 2018, 9 (14).

［13］冀玮. 市场监管中的"安全"监管与"秩序"监管——以食品安全为例［J］. 中国行政管理，2020，10.

［14］刘鹏，钟晓在. 西方监管科学的源流发展：兼论对中国的启示［J］. 华中师范大学学报（人文社会科学版），2019，58（5）.

［15］毛振宾等. 中国特色监管科学的理论创新与学科构建［J］. 中国食品药品监管，2020，9.

［16］毛振宾，张雷. 国外药品监管科学技术支撑体系研究及思考［J］. 中国药事，2020，34（9）.

［17］戚建刚. 食品安全风险属性的双重性及对监管法制改革之寓意［J］. 中外法学，2014，1.

［18］沈岿. 风险交流的软法构建［J］. 清华法学，2015，6.

［19］孙娟娟. 政府监管优化的智慧化取向：以食品安全监管为例［J］. 沈阳工业大学学报（社会科学版），2021，2.

［20］孙娟娟. 欧盟营养干预中的多元规制和规制多元［C］. 行政法论丛，2020，4.

［21］孙娟娟，杨娇. 适足食物权及其相关概念的法制化发展［J］. 宪法学、行政法学，2018，1.

［22］孙颖. 食品欺诈的概念、类型与多元规制［J］. 中国市场监管研究，2017，11.

［23］唐晓纯，李笑曼，张冰妍. 关于食品欺诈的国内外比较研究进展［J］. 食品科学，2015，36（15）.

［24］王晨光，张怡. 监管科学得到兴起及其对各国药品监管的影响［J］. 中国食品药品监管，2019，7.

［25］王贵松. 食品安全风险公告的界限与责任［J］. 华东政法大学学报，2011，5.

［26］王伟国. 宜将风险交流制度明明白白入法［J/OL］［2015-04-17］http：//fzyjs. chinalaw. org. cn/portal/article/index/id/704. html.

［27］吴炜亮等. 经济利益驱动型食品掺假概念研究［J］. 食品安全

质量检测学报，2020，11（11）.

［28］吴永宁，孙娟娟.2021年中国食品安全发展概述［C］.中国食品安全发展报告（2021年），北京：中国科学文献出版社，2021.

［29］希拉·加萨诺夫.科学型规制中的程序选择［C］.宋华琳译，行政法论丛，北京：法律出版社，2009，12.

［30］徐景和.食品安全治理创新研究［M］.上海：华东理工大学出版社，2017.

［31］杨杰，高洁，苗虹.论食品欺诈和食品掺假［J］.食品与发酵工业，2015，41（12）.

［32］杨悦.监管科学的起源［J］，中国食品药品监管，2019，4.

［33］张宝.规制内涵变迁与现代环境法的演进［J］.中国人口资源环境，2020，12.

［34］张雅娟等.美国FDA监管科学与创新卓越中心建设初探［J］.中国新药杂志，2020，29（22）.